Virginia Vail

Tierarzt-Praxis Birkenallee 7

WIRBEL UM RUBIN

Illustriert von Ines Vaders-Joch

SCHNEIDER BUCH

CIP-Titelaufnahme der Deutschen Bibliothek

Vail, Virginia:
Tierarzt-Praxis Birkenallee 7 / Virginia Vail. [Übers. aus dem Amerikan. von Renate Navé]. – München : F. Schneider.

Bd. 10. Wirbel um Rubin. – 1991
ISBN 3-505-04523-3

Frankfurter Ring 150 · 8000 München 40

Übersetzung aus dem Amerikanischen von Renate Navé
Originaltitel: ANIMAL INN – PARROT FEVER

Umschlagbild: Richard Williams
Umschlagkonzeption: Angelika Bachmann
Illustrationen: Ines Vaders-Joch
Herstellung: Gabi König
Satz/Druck: Presse-Druck Augsburg, 11' Garamond
ISBN: 3-505-04523-3

Der Papagei flatterte von der Gardinenstange herunter und setzte sich auf eine Stuhllehne. „Armer Rubin! Schöner Vogel!“ krächzte er. Die Hunde sprangen auf ihn zu und bellten ihn an. „Haut ab! Haut ab!“ rief Rubin.

„Jocko! Andy! Still!“ versuchte Linda die beiden zu beschwichtigen und setzte sich auf den Fußboden, die Arme um die Hunde gelegt. „Was werden wir mit Rubin tun, Paps? Sollen wir ihn wieder freilassen?“

„Ja, tun wir das!“ rief Erin. „Vielleicht kann er die anderen Papageien einholen.“

Der Vater schüttelte den Kopf. „Nein, das ist keine Lösung. Die anderen Vögel sind wahrscheinlich schon Hunderte von Kilometern entfernt. Außerdem ist Rubin bereits zu zahm, um in der freien Natur zu überleben.“

Inhalt

Linda glaubt zu träumen

Linda Taylor schlief friedlich in ihrem Bett, als sie von einem eigenartigen Geräusch geweckt wurde, das sie noch nie zuvor gehört hatte. Es waren schrille, kreischende Töne, die immer lauter wurden. Zuerst dachte sie, sie hätte nur geträumt. Doch als Cleveland, ihr rostroter Kater, über ihren Körper kletterte und mit einem Satz vom Bett auf die Fensterbank sprang, war sie hellwach und konnte das Geräusch noch immer hören.

Linda öffnete langsam die Augen – und mußte niesen. Sie tastete nach den Papiertaschentüchern auf dem Nachttisch und schneuzte sich. Nun lag sie schon den vierten Tag mit Grippe im Bett und konnte weder zur Schule gehen noch in der Tierarztpraxis ihres Vaters, kurz Tier-Treff genannt, mithelfen. Seit dem letzten Wochenende war sie auch kein einziges Mal mehr auf Gray Ghost, ihrem Wallach, ausgeritten. Linda setzte sich auf und strich sich einige Strähnen ihres dichten kastanienbraunen Haares aus der Stirn.

Dann fiel ihr Blick auf das Fenster, vor dem der Kater saß und mit dem Schwanz hin und her schlug. Dabei gab er seltsame Fauchtöne von sich, die an ein wütendes Eichhörnchen erinnerten.

„Was hast du denn, Cleveland?“ krächzte Linda. „Was ist los da draußen?“

Cleveland stellte sich taub. Er rührte sich nicht von der Stelle und schimpfte noch immer vor sich hin.

Linda schielte auf den Wecker neben ihrem Bett. Es war Donnerstag, zehn Uhr. Ihr kleiner Bruder Teddy und ihre jüngere Schwester Erin waren schon längst in der Schule. Und ihr Vater, Ted Taylor, hatte in seiner beliebten Tierarztpraxis sicher bereits alle Hände voll zu tun. Frau Racer, die in dem alten Landhaus am Stadtrand von Essex für Ordnung sorgte, war bestimmt schon seit einer guten Stunde da. Verflixt, dann habe ich ja das Frühstück versäumt, ärgerte sich Linda und verspürte plötzlich einen Bärenhunger.

„Ein Zeichen, daß es mir schon bessergeht", murmelte sie und sprang aus dem Bett. Einen Augenblick lang fühlte sie sich ein wenig unsicher auf den Beinen, doch dann streckte sie sich, und das Schwindelgefühl verging.

Linda war fast nie krank und hatte nur ganz selten in der Schule gefehlt. Sicherlich würde sie eine ganze Menge Hausaufgaben nachmachen müssen, die die Lehrer des Hamilton-Gymnasiums in der Zwischenzeit aufgegeben hatten. Und auch die Patienten im Tier-Treff würden sie bestimmt arg vermissen.

Cleveland fauchte laut und stellte sich auf die Hinterbeine, Nase und Vorderpfoten gegen die Fensterscheiben gepreßt.

Linda nahm sich ein zweites Taschentuch und ging auf den Kater zu. „Was um alles in der Welt ...", begann sie, doch dann brach sie plötzlich ab, weil sie sah, was Clevelands Aufmerksamkeit erregte. Sie rieb sich die Augen, um sicherzugehen, daß sie nicht träumte.

War es wirklich möglich, daß auf dem Baum vor ihrem Fenster ein ganzer Schwarm kleiner grüner Papageien saß?

Dann zwickte sie sich sicherheitshalber auch noch in den Arm. Aber die Papageien waren noch immer da und machten einen unglaublichen Lärm.

„Na so was!“ staunte Linda ungläubig und schneuzte sich kräftig. „Kein Wunder, daß du ganz aus dem Häuschen bist, Cleveland. So viele Papageien! Wo kommen die bloß her?“

„Linda?“ ertönte Frau Racers Stimme vom Flur. Gleich darauf steckte die Haushälterin den Kopf zu ihr ins Zimmer herein. „Bist du schon wach?“

Bevor Linda antworten konnte, sprangen Jocko und Andy, die beiden Hunde der Taylors, in ihr Zimmer und begrüßten sie freudig bellend.

Dann trat auch Frau Racer ein, die wie immer ein schlichtes Baumwollkleid und darüber eine blütenweiße Schürze anhatte. Das graue Haar hatte sie sorgsam zu einem Knoten gesteckt.

„Platz, Jocko! Andy, benimm dich!“ rief Frau Racer. „Entschuldige, Linda, aber seit sie die Papageien entdeckt haben, sind sie nicht mehr zu bremsen.“

Linda beugte sich zu Jocko, einem schwarz-weißen Mischling, hinunter und streichelte sein struppiges Fell. Dann versuchte sie Andy zu beschwichtigen, der ebenfalls eine Promenadenmischung war und ein noch struppigeres Fell hatte. Die Tierarztfamilie hatte ihn bei sich aufgenommen, nachdem Sunshine, der treue Cockerspaniel, im Herbst gestorben war.

„Ist schon in Ordnung, Frau Racer", meinte Linda. „Ich war ohnehin bereits auf."

Sie wollte den Kater auf den Arm nehmen. Aber er wehrte sich mit aller Kraft, so daß sie ihn wieder auf die Fensterbank setzte. „Komisch", murmelte sie, „Papageien sind doch in den Tropen zu Hause. Wie kommen die nach Pennsylvania? Und noch dazu in der kalten Jahreszeit. Es ist doch erst Mitte März ..."

„Hast du das gesehen?" Frau Racer stand am Fenster und schaute ebenso gebannt nach draußen wie Cleveland. „Da sitzt ein riesiger rot-grüner Papagei oben auf dem Baum!"

Linda stürzte ans Fenster und traute ihren Augen nicht. Da saß doch tatsächlich ein großer farbenprächtiger Papagei und krächzte sich die Lunge aus dem Leib. Die kleinen grünen Papageien schienen ihm zuzuhören.

„Ist der aber schön!" staunte Linda. „Sieht ganz so aus, als wäre er der Anführer. Woher mögen die Vögel bloß kommen?"

Die Haushälterin zuckte mit den Schultern. „Mich darfst du nicht fragen. Mit Vögeln kenne ich mich nicht aus, außer mit Hühnern, denn mein Sohn Henry hat eine Hühnerfarm. Und die da draußen sind sicher keine Hühner!"

„Das kann man wohl sagen." Linda hätte gern das Fenster geöffnet, aber dann wäre Cleveland sicher sofort hinausgesprungen. Konnte es sein, daß sie träumte, obwohl sie sich gezwickt und mit jemandem unterhalten hatte? Aber sie hätte schwören können, daß der große Papagei soeben gesagt hatte: „Regt euch ab, amigos!“

Frau Racer hatte es auch gehört. „Linda, der Vogel kann ja sprechen!“ rief sie. „Amigos – das ist doch französisch?“

Linda schüttelte den Kopf. „Spanisch.“ Sie hatte Spanisch in der Schule. „Das heißt Freunde. Was für ein kluger Vogel!“

Sie packte Cleveland und setzte ihn auf den Boden. Dann öffnete sie das Fenster und beugte sich hinaus.

Frau Racer runzelte die Stirn. „Linda, du bist krank. Marsch ins Bett, bevor du dir noch eine Lungenentzündung holst.“

„Aber es ist nicht kalt draußen“, widersprach Linda. „Es ist wie im Frühling. Ich möchte nur hören, ob er noch etwas sagen kann.“ Sie reckte den Hals, um den Papagei besser zu sehen. „Der einzige Papagei, den ich kenne, ist ein Ara namens Cracker. Einer von Paps' Patienten. Doch alles, was er sagen kann, ist: ‚Sei still‘ und ‚Hau ab‘.“ Linda nieste.

Frau Racer packte sie am Ärmel ihres Schlafanzuges. „Da hast du's. Jetzt niest du schon wieder.“

Linda schloß widerstrebend das Fenster.

„Leg dich gleich wieder hin. Ich bringe dir ein schönes, warmes Frühstück ans Bett.“

„So glauben Sie mir doch, Frau Racer, ich fühle mich schon viel besser“, beharrte Linda. „Mein Kopf ist nicht mehr schwer, und die Halsschmerzen sind auch weg. Ich wette, ich habe kein Fieber mehr. Darf ich nicht unten frühstücken?“

Die Haushälterin ging zum Nachttisch, nahm das Fieberthermometer aus der Plastikhülle und warf es Linda zu. „Steck es in den Mund!" befahl sie. „Wenn du fieberfrei bist, kannst du hinunterkommen. Wenn nicht, ab ins Bett, junge Dame!"

Linda legte sich das Thermometer unter die Zunge. Sie wußte, daß es zwecklos war, mit Frau Racer zu debattieren. Die Haushälterin war seit fast vierzehn Jahren bei ihnen. Sie kannte die Taylor-Kinder von Geburt an und liebte sie wie ihre eigenen. Wurde eines von ihnen krank, kümmerte sie sich wie eine Mutter um es. Und als Lindas Mutter vor vier Jahren durch einen Autounfall ums Leben kam, hatte Frau Racer alles getan, um der Tierarztfamilie in dieser schweren Zeit beizustehen.

Jocko und Andy tollten ausgelassen im Zimmer herum, und Cleveland rettete sich schnell auf den Fenstersims.

Endlich durfte Linda das Thermometer aus dem Mund nehmen. „Ganz normal", stellte sie fest. „Darf ich jetzt hinuntergehen?"

Frau Racer nickte. „Zieh dir aber was Warmes über und schlüpf in die Filzpantoffel." Dann wandte sie sich den Hunden zu. „Und ihr beide kommt auch mit hinunter." Sie nahm Cleveland auf den Arm und ging zur Tür. „Das Frühstück ist in einer Viertelstunde fertig. Vergiß nicht, vorher zu gurgeln!"

Kaum war die Haushälterin draußen, stürzte Linda wieder ans Fenster. Die kleinen Papageien saßen noch immer im Baum, und der große thronte laut krächzend hoch über ihnen. Linda hätte schwören können, daß er „Vamos amigos, vorwärts!" gesagt hatte. Doch als sie das Fenster öffnete, hörte sie nur. „Krakra! Kraaa!"

Eigenartig, aber höchst interessant, dachte sie, während sie den Morgenmantel anzog und in die Pantoffel schlüpfte. Seit sie krank war, hatte sie sich nur gelangweilt, doch jetzt, da die Papageien aufgetaucht waren, würde sich das schlagartig ändern.

Sie ging ins Bad, um zu gurgeln und sich die Zähne zu putzen. Dann band sie ihre Haare mit einer Schleife zusammen. Als sie fertig war, huschte sie rasch ins Arbeitszimmer ihres Vaters, in dessen Regalen unzählige Bücher über Tiere und ihre Krankheiten standen. Sicherlich befanden sich darunter auch welche über Vögel. Linda konnte es kaum erwarten herauszufinden, um welche Papageienart es sich da draußen handelte. Natürlich interessierte sie der große blaugrüne mit dem leuchtendroten Kopf am meisten.

Schneller als gedacht hatte sie das Problem gelöst. Denn vor ein paar Jahren hatten ihre Großeltern, die in Florida lebten, ihrem Vater ein großes Buch mit dem Titel *Die Vogelwelt Südamerikas* geschickt. Es war kein Fachbuch für Tierärzte, sondern ein farbiger Bildband über exotische Vögel und ihre Lebensräume. Die meisten davon waren Papageien.

Linda hatte es sich gerade im Ledersessel ihres Vaters bequem gemacht und in dem Buch zu blättern begonnen, als sie Frau Racer rufen hörte: „Linda! Das Frühstück ist fertig. Beeil dich, bevor es kalt wird."

Linda klemmte sich das Buch unter den Arm und sprang die Treppe hinunter.

„Auch im Apfelbaum sitzt eine Riesenschar von Papageien", sagte die Haushälterin und stellte eine Schale mit dampfendem Haferbrei auf den Küchentisch. „Bestimmt Hunderte."

Linda setzte sich und schaute aus dem Fenster. Im Apfelbaum hinter dem Haus hockten ebenso viele grüne Papageien wie im Baum vor ihrem Fenster und zwitscherten munter vor sich hin. Sogar im Baumhaus, das ihr Vater vor Jahren für sie errichtet hatte und das nun von Teddy benutzt wurde, saßen einige.

Während sie den frisch gepreßten Orangensaft trank, hörte sie, wie Cleveland im angrenzenden Eßzimmer fauchend von einem Fensterbrett aufs andere sprang. Sie löffelte den Haferbrei und blätterte in dem Bildband. „Hören Sie sich das an, Frau Racer", sagte sie, als sie die Seite aufschlug, nach der sie gesucht hatte. *„Es gibt sieben Unterfamilien. Zu den echten Papageien zählen unter anderem die Stumpfschwanzpapageien und die Keilschwanzsittiche, wie zum Beispiel die Aras, die in Südamerika beheimatet sind. Die meisten haben vorwiegend ein grünes Gefieder und laute, kreischende Stimmen. Ihr Lebensraum sind die Tropenwälder.* Das könnte für die Papageien da draußen zutreffen. Meinen Sie nicht auch? Schauen Sie sich doch mal das Bild hier an! Sehen sie nicht haargenau so aus?"

Frau Racer warf einen Blick auf die Abbildung, während sie die Rühreier auf den Tisch stellte. „Klar, das sind sie. Ich bin zwar ein wenig kurzsichtig und kann die Schwanzfedern nicht genau erkennen, aber trotzdem finde ich, daß sie wie die Vögel da draußen aussehen."

Linda nickte. „Das meine ich auch. Sie kommen aus Südamerika." Sie blätterte ein paar Seiten weiter. „Sehen Sie sich den da an! Der sieht doch aus wie der große Papagei!" Sie zeigte auf die Abbildung eines blaugrünen Exoten, dessen Kopf und Brust rot gefiedert waren. „Hören Sie zu, was da steht: *Der Ara ist die größte Papageienart. Er ist sanft und gelehrig.*"

„Dem Vogel da draußen muß auch einer das Sprechen beigebracht haben", meinte Frau Racer und stellte den Brotkorb mit frischem Toast auf den Tisch. „Sag mir doch mal, was ist ein Ara? Ich dachte, es wären alles Papageien?"

„Ein Ara ist eine Papageienart", erklärte Linda der Haushälterin. „Die größte. Cracker ist auch einer, und auch der auf unserem Baum."

Plötzlich vernahmen sie ein besonders lautes Kreischen und sahen, wie der Ara die Flügel ausbreitete und sich auf dem höchsten Zweig des Apfelbaumes niederließ.

„Hasta la vista!" krächzte er. „Bis morgen. Krakra!"

Einige kleine grüne Papageien flatterten ihm nach. Die anderen blieben sitzen und schnatterten munter vor sich hin.

Linda verglich noch einmal die Vögel im Baum mit den Abbildungen in dem Buch, als es an der Haustür läutete.

2 4523-8

„Ich gehe aufmachen", sagte Frau Racer. „Du solltest lieber essen, statt die Nase in das Buch zu stecken." Gefolgt von Jocko und Andy, ging die Haushälterin aus der Küche. Während Linda eine Scheibe Toast mit Butter bestrich, konnte sie durch die Küchentür sehen, wie Frau Racer Jocko am Halsband festhielt, damit er nicht weglief, wenn sie die Haustür öffnete.

„Guten Morgen, Herr Keller", hörte Linda Frau Racer zu ihrem Nachbarn sagen. „Kommen Sie doch herein, damit ich die Tür wieder schließen kann. Die beiden Hunde streunen doch so gern herum."

Herr Keller trat in den Flur. Linda sah dem großen hageren Mann sofort an, daß er verärgert war. „Es handelt sich nicht um einen Notruf, Frau Racer", sagte er, „sondern auf meinen Bäumen sitzen unzählige Papageien und richten ein fürchterliches Unheil an. Ihr Kot macht mir alle meine Tulpen und Narzissen kaputt!" Der Nachbar war früher einmal Geschäftsmann gewesen und züchtete nun im Rentenalter Blumen. Sie waren sein ganzer Stolz, weshalb Linda seinen Ärger verstehen konnte.

„Bei uns sind sie auch", sagte Frau Racer. „Linda und ich haben gerade überlegt, woher sie wohl kommen mögen ..."

„Das ist mir schnurzegal", schimpfte Herr Keller. „Ich möchte nur eines wissen: Was wird der Doktor tun, damit wir sie wieder loswerden? Ich möchte ihn auf der Stelle sprechen."

„Das geht jetzt nicht", erwiderte die Haushälterin. „Er ist im Tier-Treff. Und außerdem sind es ebenso-

wenig unsere Papageien wie Ihre. Regen Sie sich nun mal nicht gleich so auf."

„Ich weiß, daß es nicht Ihre Papageien sind. Aber der Doktor ist Vorsitzender des Tierschutzvereins und verantwortlich dafür, daß gegen diese Vogelplage etwas unternommen wird."

Linda rannte in die Diele. „Tag, Herr Keller", sagte sie und tätschelte die Hunde, um sie zu beruhigen. Der schroffe Ton des Nachbarn hatte die beiden aufgebracht, so daß sie laut knurrten. „Ich bin sicher, die Papageien werden nicht lange bleiben. Bestimmt fliegen sie jeden Augenblick wieder fort."

„Und was ist, wenn sie es nicht tun?" schrie Herr Keller. „Je länger sie bleiben, desto größer ist der Schaden, den sie in meinem Garten anrichten."

Jetzt wurde auch Linda wütend, doch sie versuchte, höflich zu bleiben. „Die Sache mit Ihren Blumen tut mir ehrlich leid. Aber mein Vater kann auch nichts dafür. Er weiß noch gar nichts von den Vögeln."

„Dann ist es höchste Zeit, daß ihn jemand informiert!" giftete Herr Keller sie an.

„Ich werde ihn gleich anrufen", versprach Linda.

„Aber vorher mußt du zu Ende frühstücken", mischte sich Frau Racer ein. „Sicher ist alles schon kalt geworden." Sie warf dem Nachbarn einen finsteren Blick zu. „Falls Sie sich wundern sollten, daß Linda heute nicht in der Schule ist: sie ist krank. Und wenn Sie sie weiterhin so anschreien, wird sie gewiß nicht schneller gesund!"

Der Nachbar stierte Linda an. „Tut mir leid, Mädchen. Entschuldigen Sie, Frau Racer. Aber meine Blumen bedeuten mir alles, und diese Papageien sind drauf und dran, sie zu vernichten." Und auf dem Weg zur Haustür bemerkte er noch über die Schulter hinweg: „Trotzdem wäre ich dir zutiefst dankbar, Linda, wenn du deinen Vater anriefst. In der Zwischenzeit verständige ich die Polizei und Feuerwehr. Was für ein Unglück! Nein so was!" brummte er, während er zur Tür hinausging.

Linda und Frau Racer warfen sich einen schnellen Blick zu. Dann wunderte sich Linda: „So wütend habe ich ihn noch nie gesehen. Aber warum ruft er die Polizei an?"

Die Haushälterin zuckte die Achseln. „Keine Ahnung. Vielleicht will er, daß der Kommissar die Papageien verhaftet."

Im Geiste sah Linda schon, wie sich die Gefängniszellen von Essex mit lärmenden Papageien füllten, und mußte grinsen. „Frau Racer, könnten Sie nicht mein Frühstück in den Mikrowellenherd stellen und wieder aufwärmen, wenn ich mit Paps geredet habe? Ich weiß zwar nicht, was er in der Sache tun kann, aber er sollte auf alle Fälle wissen, was hier vorgeht."

„Wenn es ihm inzwischen nicht schon jemand gesteckt hat", sagte Frau Racer und folgte Linda in die Küche. „Und da ich weiß, wie rasch sich in unserer Stadt Nachrichten verbreiten, würde es mich sehr wundern, wenn er nicht bereits auf dem laufenden wäre."

Die Papageien sorgen für Schlagzeilen

„Ich kann mir schon denken, worum es geht", sagte Pat Dempwolf, Dr. Taylors Sprechstundenhilfe, als Linda im Tier-Treff anrief. „Die Geschichte von den Papageien scheint sich offenkundig in ganz Essex herumgesprochen zu haben. Und ausgerechnet in eurem Garten haben sie sich niedergelassen!"

„Und in dem unseres Nachbarn", fügte Linda hinzu. „Herr Keller ist kurz vor dem Durchdrehen. Kann ich mal meinen Vater sprechen? Herr Keller meint, Paps wüßte sicher, wie man das Problem beheben könnte, und ich habe ihm versprochen, mit ihm zu reden."

„Ich verbinde dich gleich", sagte Pat. „Was macht die Grippe?"

„Es geht mir schon viel besser. Ich kann es kaum erwarten, wieder zu euch zu kommen. Bitte grüße Toby von mir." Toby Curran half wie Linda nach der Schule in der Tierklinik aus. Er war ein Jahr älter als sie und ihr bester Freund.

„Und richte ihm aus, er soll sich ein wenig um Gray Ghost kümmern und ihm sagen, daß ich ihn vermisse", fügte Linda noch hinzu.

„Verlaß dich darauf. Jetzt kannst du deinen Vater sprechen."

„Tag, Kleines. Du rufst sicher wegen der Papageien an?"

„Paps, du kannst dir nicht vorstellen, wie viele es sind! Unsere und die Bäume von Herrn Keller sind über und über voll davon! Es sind fast nur kleine, außer einem blaugrünen Ara, der sprechen kann. Er sitzt auf unserem Apfelbaum. Kannst du mir sagen, was wir tun sollen?"

„Immer mit der Ruhe, Kleines", meinte der Tierarzt lachend. „Vorerst tun wir gar nichts. Vergiß nicht, daß du krank bist. Du bleibst schön im Bett und kurierst dich aus."

Linda seufzte. „Okay. Aber was willst du tun? Versuchst du herauszufinden, woher sie kommen, damit du sie zurückbringen kannst? Herr Keller will die Polizei und die Feuerwehr verständigen. Er ist stocksauer, weil er meint, die Papageien ruinieren seine ganze Blumenpracht."

„Ich habe bereits mit ein paar Leuten vom Tierschutzverein gesprochen", sagte Dr. Taylor. „Die einzige plausible Erklärung, die wir finden konnten, ist die, daß die Vögel bei einem Lufttransport am Flughafen von Harrisburg entflogen sind. Leider gibt es noch immer Händler, die exotische Vögel aus Süd- und Mittelamerika einführen und sie hier an Zoogeschäfte weiterverkaufen. Wenn das auch hier der Fall ist, wird der betreffende Händler sicherlich in ganz Pennsylvania nach den entflogenen Papageien forschen, und wir werden früher oder später von ihm hören."

„Aber was ist, wenn die Vögel fortfliegen?" fragte Linda skeptisch. „Wie kann er sie dann jemals einfangen?"

„Keine Ahnung", antwortete der Vater. „Das ist nicht unser Problem. „Auch du sollst dir deswegen nicht den Kopf zerbrechen. Du mußt aber damit rechnen, daß der *Tagesanzeiger* von Essex Reporter zu uns schickt. Der Chefredakteur hat mich bereits angerufen. Die Papageien liefern einen interessanten Stoff für die Zeitung, und er möchte schon in der morgigen Ausgabe auf der ersten Seite über sie berichten."

„Das wird Herrn Keller aber nicht recht sein", meinte Linda. „Wenn sie ihn interviewen wollen, wird er sie sicher zum Teufel schicken. Er haßt die Papageien wie die Pest."

„Auch das ist nicht unser Problem. Bitte sag Frau Racer, daß noch heute ein Reporter vorbeikommen wird, damit sie darauf vorbereitet ist. Würdest du das bitte tun?"

„Mach' ich, Paps. Willst du nicht ausnahmsweise zum Mittagessen nach Hause kommen, damit du dir die Papageien ansehen kannst? Vor allem der Ara ist sehenswert! Und bis zum Abend könnten sie vielleicht schon weg sein."

„Mal sehen, Kleines", sagte Dr. Taylor. „Ich bin heute ziemlich ausgebucht. Im Augenblick wartet eine von Herrn Eplers Kühen auf mich. Wenn ich es einrichten kann, komme ich nach Hause. Und du, paß gut auf dich auf. Aber du klingst schon viel besser. Stimmt's?"

Linda lachte. „Es geht mir auch schon wesentlich besser. Vor allem, seit ich die Papageien entdeckt habe. Also bis später, Paps."

„So, jetzt wird aber richtig gefrühstückt!" Frau Racer nahm die Rühreier und den Haferbrei aus dem Mikrowellenherd und stellte beides vor Linda auf den Tisch. „Und nun wirst du alles schön brav aufessen."

„Versprochen." Während Linda frühstückte, erzählte sie der Haushälterin, was ihr Vater gesagt hatte. „Ich soll Ihnen ausrichten, daß der *Tagesanzeiger* wahrscheinlich noch heute einen Reporter vorbeischickt. Unsere Papageien sind das Tagesgespräch in Essex."

„Es sind nicht unsere Papageien, Linda", stellte Frau Racer richtig. „Bitte verwechsle sie nicht mit unseren Haustieren. Diese Vögel gehen uns nichts an."

„Ich weiß. Das fehlte uns noch: ein Haus voller Papageien! Aber der Ara ist schon was Besonderes..."

Frau Racer verschränkte die Arme vor der Brust. „Wir haben bereits einen Vogel – Erins Kanarienvogel Dandy. Und vergiß nicht die Hühner und die Ente. Und wie du soeben gesagt hast, gehören die Papageien bereits jemandem – dem Kerl, der sie aus Südamerika mitgebracht hat."

„Keine Bange, Frau Racer, ich kann den Ara sowieso nicht einfangen." Linda stellte den Teller und die Schale in die Spülmaschine. „Ich ziehe mich jetzt richtig an, denn ich bin es leid, ewig in Schlafanzug und Morgenmantel rumzuhängen. Und dann hol' ich mir Paps' Fotoapparat und mach' ein paar Aufnahmen von den Papageien. Für den Fall, daß sie wegfliegen, bevor

Paps und Teddy und Erin sie sehen können."

Linda stieg gerade die Treppe hoch, als es an der Tür klingelte. Das konnte nur der Reporter vom *Tagesanzeiger* sein. Linda rührte sich nicht von der Stelle und wartete, daß Frau Racer öffnen ging, denn sie wollte den Reporter nicht im Morgenmantel empfangen.

Gleich darauf sah sie eine junge Frau in einem Trenchcoat hereinkommen. In der einen Hand hielt sie ein Notizbuch und in der anderen einen Kugelschreiber. Sie war in Begleitung eines Fotografen.

„Guten Morgen", sagte die Reporterin mit lauter Stimme, denn die Papageien machten einen Heidenlärm. „Wir sind vom *Tagesanzeiger*, und ich würde gern ein paar Fragen an Sie stellen hinsichtlich..."

„... der Papageien, nicht wahr?" vollendete Frau Racer den Satz.

Die Frau nickte. „Ganz richtig." Dann hielt sie einen Augenblick inne und lauschte. „Die machen aber einen Krach! Aber brüllt da nicht auch jemand dazwischen? Entschuldigen Sie, ich bin sofort zurück. Ich sehe nur mal nach, was da draußen vor sich geht." Und schon rannte sie mit dem Fotografen hinter das Haus.

Linda stürmte in das Arbeitszimmer ihres Vaters, von dessen Fenster aus man in ihren und Herrn Kellers Garten blicken konnte. Da sah sie, wie der Nachbar mit einem Tuch in der Luft herumwedelte und den Papageien zurief: „Psch! Haut ab!"

Ein paar Vögel flogen aufgeschreckt hoch und kreisten laut kreischend über seinem Kopf. Aber sie ließen sich nicht aus dem Garten vertreiben und suchten Zuflucht auf dem Apfelbaum.

Linda hielt Ausschau nach dem Ara. Er saß noch immer auf demselben Ast und flatterte mit seinen blaugrünen Flügeln. Sogar durch das geschlossene Fenster hindurch konnte sie hören, daß er „Psch! Haut ab!“ rief.

Der Fotograf schoß ein Bild nach dem anderen, und die Reporterin machte sich eifrig Notizen. Plötzlich kamen, vom Lärm angelockt, ein paar Nachbarn angelaufen.

Linda holte rasch den Fotoapparat ihres Vaters, öffnete das Fenster und beugte sich, so weit es ging, hinaus, um den Ara ins Bild zu bekommen. Doch schon nach wenigen Aufnahmen hörte sie eine Autosirene. Sie rannte ins Wohnzimmer im ersten Stock, das nach vorne lag, und sah, wie die Feuerwehr vor dem Haus des Nachbarn anhielt. Gleich darauf sprang ein Feuerwehrmann aus dem Führerhaus.

„O nein!“ stöhnte Linda. „Jetzt hat er doch tatsächlich die Leute von der Feuerwehr verständigt! Ob er ihnen wohl auch gesagt hat, worum es sich handelt, oder sie in dem Glauben gelassen hat, es würde brennen?“

Sie rannte in ihr Zimmer und zog sich in Windeseile Jeans und ein Sweatshirt an, dann stürmte sie in Filzpantoffeln die Treppe hinunter, schnappte sich ihren Parka und eilte hinaus.

Vor dem Haus hatten sich Frau Racer und die Leute

aus der Nachbarschaft um Herrn Keller geschart, der den Feuerwehrleuten von den Papageien erzählte, während der Ara immer wieder dazwischenrief: „Psch! Haut ab! Regt euch ab, amigos!“ Die kleinen Papageien schnatterten pausenlos vor sich hin, und der Fotograf knipste wild drauflos, während seine Begleiterin eifrig in ihr Notizbuch schrieb.

„Wollen Sie damit sagen, daß es gar nicht brennt?“ fragte ein Feuerwehrmann Herrn Keller. „Sie haben uns also nur wegen dieser Vögel gerufen?“ Seine Stimme klang wütend. „Sie wissen hoffentlich, daß falscher Alarm ein strafbares Vergehen ist. Es könnte ja schließlich sein, daß irgendwo anders wirklich ein Feuer ausbricht und wir wegen Ihrer Fehlanzeige nicht einsatzbereit sind.“

„Aber es handelt sich um einen Notfall“, beteuerte Herr Keller. „Sehen Sie sich doch an, welches Unheil die Vögel in meinem Garten anrichten!“

„Psch! Haut ab! Adios, amigos!“ krächzte der Ara.

„Halt die Klappe, blödes Vieh!“ rief Herr Keller.

„Halt die Klappe, blödes Vieh! Krakra!“ echote der Vogel.

Linda konnte sich das Lachen nicht länger verkneifen, und auch die anderen brachen in Gelächter aus. Sogar die Feuerwehrleute grinsten.

„Was gibt es da zu lachen?“ regte sich Herr Keller auf und bekam einen krebsroten Kopf. „Ich bitte Sie, endlich etwas gegen diese Vögel zu unternehmen, bevor ich...“

Er hielt mitten im Satz inne, denn plötzlich erfüllte

lautes Rauschen die Luft, und die Papageien flogen wie auf Befehl davon. Wenige Sekunden später war der Spuk vorbei.

Nur der Ara saß noch immer auf seinem Ast. „Adios, amigos!“ krächzte er. Und Linda fand, daß seine Stimme etwas traurig klang.

„So was habe ich wirklich noch nie erlebt!“ rief Frau Racer.

„Ich auch nicht“, murmelte Linda. „Ein richtiger Spuk. Zuerst tauchen sie aus heiterem Himmel auf, und ebenso plötzlich sind sie wieder fort.“

„Einsatz beendet, Jungs“, sagte der Feuerwehrhauptmann zu seinen Leuten. „Alles einsteigen.“

Die Feuerwehrmänner nahmen die Helme ab und stapften in ihren schwarzen Gummistiefeln, gefolgt von den Leuten aus der Nachbarschaft, zurück zu ihrem Wagen.

Herr Keller machte sich sofort daran, die Tulpen und Narzissen mit dem Gartenschlauch zu bespritzen, wobei er wütend vor sich hin brummte.

„Haben Sie was dagegen, wenn ich von dem großen Papagei noch ein paar Aufnahmen mache?“ fragte der Fotograf. „Der Bursche ist wirklich ein Unikum. Noch nie habe ich einen Vogel so viel reden hören. Der könnte ja fast im Fernsehen auftreten.“

Während er auf den Auslöser drückte, ging die Reporterin mit Linda und Frau Racer ins Haus. Sie stellte noch eine Menge Fragen, die die beiden nach bestem Ermessen beantworteten. Als sie mit dem Interview fertig waren, meinte die Journalistin: „Das ist die beste Story, die mir bislang untergekommen ist. Ich arbeite allerdings erst seit ein paar Wochen für den *Tagesanzeiger*. Übrigens, ich heiße Louise Gimbel." Sie reichte Frau Racer ihre Visitenkarte. „Wenn mein Chef einverstanden ist, würde ich gerne noch einmal von dem Ara berichten – sollte er sich noch länger hier aufhalten. Sie hätten doch nichts dagegen?"

Linda zuckte mit den Schultern. „Natürlich nicht. Aber rechnen Sie lieber nicht damit, daß er dableibt. Ich wette, er wird seinen Freunden nachfliegen. Rufen Sie sicherheitshalber vorher meinen Vater an, damit Sie nicht umsonst kommen."

Frau Gimbel warf einen Blick auf ihre Notizen. „Doktor Theodor Taylor, Tierarztpraxis Birkenallee sieben. Geht in Ordnung. Und nochmals vielen Dank für das Interview."

Als Frau Racer die Reporterin zur Tür begleitete, ließ Linda die beiden Hunde aus der Küche, die schon ganz unruhig waren, weil man sie so lange dort eingesperrt hatte. Sie stürmten hinaus ins Freie und hetzten bellend um das Haus herum.

Linda bemerkte, daß Cleveland noch immer vor dem Eßzimmerfenster saß und zu dem Papagei hinaufstarrte. Sie ging zu ihm und streichelte sein dichtes rötliches Fell. „Wenn das kein aufregender Morgen war!" sagte sie zu dem Kater. „Stell dir vor, wenn ich nicht krank gewesen wäre, hätte ich das alles gar nicht mitgekriegt."

Cleveland schnurrte.

Linda blickte zu dem Ara hoch, der sich mit seinem

elfenbeinfarbenen Schnabel emsig das Gefieder putzte, als wäre er sich seiner Schönheit vollends bewußt. Ein paar Stare und Spatzen beobachteten ihn mißtrauisch. Cleveland schlug nun wieder mit dem Schwanz hin und her und fauchte laut.

„Laß gefälligst die Vögel in Ruhe", befahl Linda streng. „Solange der Ara da ist, verläßt du nicht das Haus. Ich frage mich sowieso, warum er nicht mit den anderen Papageien weggeflogen ist. Sicherlich fühlt er sich jetzt recht einsam."

Frau Racer kam herein und stellte sich hinter Linda ans Fenster. „Wirklich ein schöner Vogel", bemerkte sie. „Aber es ist fast ein wenig unheimlich, wenn er spricht. Als er Herrn Keller nachgeahmt hat, hat es wie eine Tonbandaufnahme geklungen."

Linda kicherte. „Nicht wahr? ‚Halt die Klappe, blödes Vieh!' Und Herr Keller fand das gar nicht komisch."

„Der Fotograf hat ganz recht gehabt: Der Ara sollte im Fernsehen auftreten. Schade nur, daß Teddy und Erin ihn wahrscheinlich nicht mehr sehen können, wenn sie von der Schule heimkommen. Bis dahin ist er bestimmt schon fort. Die beiden hätten sicher ihren Spaß an dem sprechenden Vogel gehabt."

Doch als Lindas kleiner Bruder gegen halb drei mit seinen Freunden Sparky, Billy und Eric nach Hause kam, saß der Ara noch immer auf dem Apfelbaum.

Teddy schob sich die Baseballmütze aus der Stirn und rief: „Hallo! Da kommen ein paar hungrige Wölfe!"

„Ja! Ich denke schon den ganzen Nachmittag an Frau

Racers Plätzchen“, gestand Sparky. Sie stellte ihren Schulranzen ab und streichelte Andy und Jocko, die die Kinder freudig begrüßten.

„Ich möchte auch welche!“ rief Eric.

„Ich auch!“ meldete sich Billy.

„Meinetwegen“, sagte Linda. „Wenn ihr lieber Plätzchen eßt, statt euch den Papagei auf unserem Apfelbaum anzusehen...“

„Was, auf dem Apfelbaum sitzt ein Papagei?“ Teddy schaute seine Schwester ungläubig an. „Du willst uns wohl verschaukeln?“

„Um es genau zu sagen, es ist ein Ara“, fuhr Linda fort. „Die anderen Papageien sind schon weggeflogen.“

Teddy wandte sich seinen Freunden zu. „Wißt ihr, sie ist im Augenblick krank. Wahrscheinlich pantasiert sie. So was soll vorkommen, wenn man Fieber hat.“

„Erstens heißt es *phantasiert*, und zweitens sagt deine Schwester die Wahrheit“, mischte sich Frau Racer ein, die gerade aus der Küche kam. „Ich habe ihn auch schon gesehen. Wart's ab, bis du ihn erst reden hörst!“

„Reden?“

Und schon waren Teddy, Sparky, Eric und Billy ins Eßzimmer verschwunden und preßten ihre Nasen gegen die Fensterscheiben. Cleveland, der sich die ganze Zeit nicht vom Fensterbrett gerührt hatte, sprang aufgescheucht davon und stakste in die Küche.

„Seht euch das an!“ rief Sparky. „Der turnt richtig auf dem Ast herum.“

„Kann er wirklich sprechen?“ wollte Eric von Linda wissen.

3 4523-8

„Was sagt er denn?“ fragte Billy.

„Eine ganze Menge“, antwortete Linda. „Ihr hättet ihn hören sollen, als die Feuerwehrleute und Herr Keller miteinander stritten.“

„Welche Feuerwehrleute? Wieso stritten sie mit Herrn Keller?“ hakte Teddy nach.

Linda erzählte, was vorgefallen war, und Frau Racer fügte einige Details hinzu.

„Hast du ein Glück, Linda“, rief Teddy. „Schade, daß ich nicht auch krank war. Immer muß ich alles versäumen!“

Wenig später kamen auch Erin und ihre beste Freundin Olivia nach Hause. „Was geht hier vor?“ rief Erin die Treppe hinauf. „Warum schaut ihr alle aus dem Fenster?“

„Erin, komm her“, rief Teddy. „Auf dem Baum im Hof sitzt ein sprechender Papagei! Und heute morgen waren noch viel mehr da. Aber die sind inzwischen weggeflogen. Vom *Tagesanzeiger* sind zwei Leute dagewesen. Sie bringen auf der Titelseite einen Artikel über die Papageien, und wir werden noch ganz berühmt.“

Rubin sieht rot

Erin und Olivia gingen zu den anderen ins Eßzimmer und schauten über ihre Köpfe hinweg aus dem Fenster.

„Ist der eine Wucht!“ rief Erin. „Sieht er nicht ein

wenig aus wie der in dem Ballett *Der Feuervogel*? Findest du nicht, Olivia?"

Olivia nickte. Sie hatte wie Erin ihre langen schwarzen Haare zu einem Knoten gesteckt, nur mit dem Unterschied, daß Erin blond war. Beide zählten zu Fräulein Tamaras begabtesten Ballettschülerinnen. „Ja, aber er hat mehr blaue und grüne Federn als rote – mit Ausnahme des Kopfes und der Brust... Oh, jetzt spreizt er die Flügel! Vielleicht fliegt er weg."

Doch der Ara trippelte nur auf dem Ast hin und her. Dabei krächzte er oder stieß schrille Pfiffe aus.

„Bist du sicher, daß er reden kann?" fragte Sparky Linda und kaute an ihrem dünnen Zopf. „Bis jetzt hat er noch kein einziges Wort gesagt."

„Wenn Linda und Frau Racer sagen, er kann sprechen, dann kann er es auch", erklärte Erin.

„Ich möchte ihn auch reden hören", sagte Teddy. „Gehen wir doch raus und sagen was zu ihm." Gleich darauf stürmten die vier zur Küche hinaus.

„Ich möchte ihn auch sprechen hören", flüsterte Olivia Erin zu. Die beiden taten nur so, als hätten sie es nicht so eilig mit dem Hinausgehen, obwohl sie vor Neugier platzten.

Linda ging mit den beiden hinters Haus. „Vielleicht hat er im Augenblick keine Lust zu sprechen. Nach all dem, was er durchgemacht hat, müßte er ziemlich erschöpft sein. Und wahrscheinlich mag er es auch nicht, wenn so viele um ihn herumstehen."

Teddy und seine Freunde stellten sich unter den Apfelbaum und schauten zu dem Ara hoch.

„Hallo, Papagei!" rief Teddy. „Wie geht's dir denn?"
„Haut ab! Adios, amigos!" kreischte der Vogel.
„Er kann wirklich reden", staunte Billy. „Wenn das keine Wucht ist!"
„Wie heißt du denn, Papagei?" fragte Sparky.
„Wie heißt du denn?" echote der Vogel.
„Philomena Sparks", erwiderte die Kleine. „Aber wehe dem, der Philomena zu mir sagt. Ich will nur Sparky genannt werden."
„Sparky! Sparky!" krächzte der Papagei.
Sparky machte vor Freude einen Luftsprung. „Er hat meinen Namen gesagt!" jubelte sie. „Ich habe noch nie einen so klugen Vogel gesehen."
„Wartet, ich fange ihn", rief Teddy und wollte auf den Baum klettern.
Doch Linda packte ihn an der Jacke. „Kommt nicht in Frage. Du verscheuchst ihn nur", sagte sie energisch.
„Laß ihn in Ruhe, Teddy!" rief Erin. „Er wird nur bleiben, wenn wir uns alle ganz ruhig verhalten."
Teddy zog ein saures Gesicht. „Aber wenn ich ihn einfange, kann er nicht mehr fort."
„Adios, amigos! Haut ab!" krächzte der Ara.
Olivia kicherte. „Ich glaube, wir sollten ihm gehorchen."
„Ach wo, der meint es nicht so", sagte Teddy. „Ich wette, er fühlt sich ganz schön einsam da oben und langweilt sich mit den ollen Spatzen. Wahrscheinlich versteht er nicht einmal, was sie sagen."
„Hallo, Kinder!" ertönte Frau Racers Stimme aus dem Haus. „Falls ihr noch hungrig seid – es gibt noch

jede Menge Schokoladenplätzchen und kalte Milch."

„Wir kommen schon!" rief Billy und rannte mit Sparky und Eric ins Haus.

„Gehen wir auch hinein", schlug Erin ihrer Freundin vor. „Wir essen ein paar Plätzchen und gehen dann zum Tanzen in den Hobbyraum hinunter." Sie wandte sich Linda zu. „Du weißt ja, daß wir *Schwanensee* einstudieren. Wir sind zwar nur kleine Schwäne, aber wir üben trotzdem den Part der Schwanenkönigin, für den Fall, daß Melissa Ingram krank wird oder sich das Bein bricht."

Als Erin und Olivia gegangen waren, tippte Linda ihrem Burder auf die Schulter. „Magst du denn keine Plätzchen?" fragte sie.

„Doch", meinte Teddy, ohne die Augen von dem Ara abzuwenden. „Glaubst du, er hätte auch gerne ein Plätzchen? Soll ich ihm eines oder zwei ins Baumhaus legen? Du, ich habe eine tolle Idee! Er könnte doch im Baumhaus wohnen. Was hältst du davon?"

„Warum nicht? Aber rechne lieber nicht damit, daß er bleibt. Ich wette, ohne die anderen hält er es hier nicht lange aus."

Auf dem Weg ins Haus fragte Teddy: „Sag, wo leben Aras eigentlich?"

„In Paps' Vogelbuch steht, daß sie in Südamerika zu Hause sind."

Teddy riß die Augen auf. „In Südamerika? So weit von hier? Da muß er ja wochenlang unterwegs gewesen sein. Kein Wunder, daß er jetzt müde ist."

„Paps meint, der Ara und die anderen Papageien sind

bei einem Lufttransport entflogen", erklärte Linda. „Die Leute vom Tierschutzverein gehen der Sache nach. Wir können den Ara auf keinen Fall behalten, denn früher oder später wird sich sein Besitzer melden. Mach dir lieber keine falschen Hoffnungen!"

Teddy grinste sie an. „Hoffen kann man immer." Er schaute noch einmal zu dem Ara hoch und rief: „He, Papagei! Möchtest du ein Keks?"

„Keks, Keks! Sparky! Immer mit der Ruhe, amigos! Haut ab!" krächzte der Vogel.

Linda und Teddy gingen lachend in die Küche. Sparky und Billy saßen bereits an dem großen Eichentisch und machten sich über die Plätzchen her. Erin und Olivia waren schon unten im Hobbyraum.

Während Frau Racer Linda und ihrem Bruder ein Glas Milch einschenkte, rief Teddy: „Kann Sparky bei uns bleiben, bis sie ihre Mutter nach der Arbeit abholt? Sie wäre sonst ganz allein zu Hause."

„Wo ist denn Frau Wilson?" wollte Linda wissen. Frau Wilson war die Haushälterin von Frau Sparks. Sie kümmerte sich um die Kleine, wenn die Mutter im Büro war.

„Ihr Mann hat Grippe", sagte Sparky. „Sie ist heute bei ihm zu Hause geblieben. Ich glaube, es geht ihm viel schlechter als dir, Linda. Du siehst gar nicht mehr krank aus."

Linda grinste. „Ich fühle mich auch schon ganz gesund. Morgen gehe ich wieder zur Schule."

„Vorausgesetzt, du hast keine erhöhte Temperatur", warf Frau Racer ein. „Du warst heute den ganzen Tag auf den Beinen, und es würde mich nicht wundern, wenn du einen Rückfall bekämst."

Linda tätschelte Frau Racers Hand und nahm sich ein Plätzchen. „Ganz bestimmt nicht. Ich fühle mich super." Dann wandte sie sich an Sparky: „Du kannst bleiben, so lange du willst."

„Auch zum Abendessen?" fragte Sparky hoffnungsvoll. „Wenn Frau Wilson nicht da ist, gibt's bei uns nur ein Fertiggericht aus dem Mikrowellenherd."

„Kann denn deine Mutter nicht kochen?" fragte Eric.

Sparky schaute ihn vorwurfsvoll an. „Natürlich. Sie kocht die tollsten Sachen, wenn sie Zeit hat. Aber meistens hat sie keine. Seit sie von Paps geschieden ist, arbeitet sie die ganze Woche im Büro. Deine Mutter wäre sicher auch keine Spitzenköchin, wenn sie den ganzen Tag in der Arbeit wäre."

„Ganz recht, Sparky", warf Linda rasch ein. „Ruf jetzt deine Mutter an und frag sie, ob sie nicht auch mit uns zu Abend essen will. Frau Racer kocht ohnedies immer so viel, daß ein ganzes Regiment satt werden könnte."

Sparky schaute die Haushälterin mißtrauisch an. „Es gibt aber doch hoffentlich nicht nur Nudeln und Grünzeug?"

„Keine Sorge, ihr bekommt natürlich auch Fleisch", beruhigte Frau Racer sie. „Nur Linda ist Vegetarierin. Für heute abend habe ich ein Roastbeef vorbereitet, und zum Nachtisch gibt's Apfelauflauf."

„Dürfen auch Eric und ich zum Essen bleiben?" fragte Billy. „Ich mag so gern Apfelauflauf."

„Ein andermal, Billy", wehrte Frau Racer ab und wandte sich Sparky zu. „Jetzt hast du noch immer nicht deine Mama angerufen."

„Ich geh' ja schon", sagte Sparky und wählte gleich darauf die Büronummer ihrer Mutter. „Tag, Frau Gardiner. Hier spricht Sparky... äh, ich meine Philomena Sparks." Teddy konnte sich nur mit Mühe das Lachen verkneifen und handelte sich dafür einen vorwurfsvollen Blick von Sparky ein. „Kann ich bitte meine Mutter sprechen?"

Der kleine Wildfang kann ja richtig artig sein", flüsterte Frau Racer Linda zu, während diese das Geschirr in die Spülmaschine einräumte.

„Ich weiß", sagte Linda und schaute zu Sparky hinüber. „Paps sagt, sie gibt sich nur so ruppig."

„Irgendwie tut sie mir leid", meinte Frau Racer. „Es würde mich nicht wundern, wenn ihre Mutter eines Tages wieder heiraten würde. Sie ist schließlich eine so nette und attraktive Frau..."

„Ich darf also bleiben?" fragte Sparky in den Hörer. „Linda hat uns zum Abendessen eingeladen. Du kommst doch? Und stell dir vor, in Teddys Garten ist ein Papagei... Okay, Mama." Sie gab Frau Racer den Hörer. „Mama möchte Sie fragen, ob es Ihnen recht ist, wenn wir zum Essen bleiben."

Die Haushälterin beruhigte Frau Sparks und fügte hinzu, daß sich auch Dr. Taylor bestimmt über ihren Besuch freuen würde.

Kaum hatte sie den Hörer aufgelegt, rief Teddy: „Kommt, wir schauen noch mal zu dem Papagei hinaus, und dann spielen wir Astronauten.“

„Dürfen wir Jocko und Andy mitnehmen?“ erkundigte sich Sparky. „Hunde sind doch ganz wichtig in einem Raumschiff.“

„Selbstverständlich“, meinte Frau Racer und holte die Leinen, die Teddy den Hunden anlegte.

„Laßt sie aber nicht frei herumlaufen“, rief Linda ihnen nach, als sie zur Hintertür hinausstürmten. „Und paßt auf, daß sie den Ara nicht verscheuchen!“

„Geht in Ordnung“, rief Sparky. „Und danke für die Plätzchen. Bis später!“

Bevor die Tür ins Schloß fiel, huschte Cleveland an Lindas Beinen vorbei.

„Hiergeblieben!“ befahl sie und packte den Kater. „Das könnte dir so passen, den armen Ara zu jagen.“

Cleveland stakste beleidigt ins Eßzimmer. Gerade als Linda ihm folgen wollte, hörte sie die Haustür aufgehen.

Aber auch Cleveland war das nicht entgangen, und er versuchte wieder, zu entwischen.

Doch Jill Dearborne, Lindas beste Freundin, versperrte ihm den Weg. „Wo willst du denn hin?“ fragte Jill den Kater, nahm ihn auf den Arm und stieß mit dem Fuß die Tür hinter sich zu.

„Danke, Jill!“ Linda atmete auf. „Seit er den Papagei gesehen hat, will er andauernd abhauen.“

„Welchen Papagei? Wovon sprichst du eigentlich?“ Jill trug Cleveland ins Wohnzimmer und setzte ihn auf das Sofa.

Dann erzählte Linda zum zweiten Mal an diesem

Nachmittag von den Papageien im Garten, von Herrn Kellers Wutausbruch, der Feuerwehr und den Reportern des *Tagesanzeigers*.

„Wie kann es auch anders sein?“ sagte Jill. „Wann immer in der Gegend hier ein Tier auskommt, landet es mit Sicherheit bei euch!“ Sie legte ihre Schultasche neben Cleveland auf das Sofa. „Zeigst du mir den Papagei?“

„Klar. Er sitzt auf dem Apfelbaum hinter dem Haus. Vor ein paar Minuten wenigstens hat er da noch gesessen. Mal sehen, ob er wieder was sagt. Mach aber die Tür hinter dir zu, damit der Kater nicht entwischt.“

Draußen angekommen, schaute Jill neugierig zum Baum hinauf. „Wo ist er denn? Ich sehe nur Spatzen.“

Auch Linda konnte den Ara nicht sofort entdecken. Erst als er zu pfeifen anfing, sah sie, daß er auf dem Giebel des Garagendaches thronte. „Da oben ist er!“ rief sie. „Ist er nicht ein Prachtkerl?“

„Ja, das kann man wohl sagen!“ Jill war sichtlich beeindruckt. Und als Linda den Vogel dann nach seinem Namen fragte und der Ara: „Wie heißt du? Wie heißt du?“ krächzte, war die Freundin völlig hingerissen. „Und wie heißt *er*?“ wollte sie wissen. „Habt ihr ihm schon einen Namen gegeben?“

Linda zuckte mit den Schultern. „Keine Ahnung. Wir haben ihm noch keinen Namen gegeben, weil er uns ja nicht gehört. Sicher hat er einen spanischen, vielleicht heißt er Juan oder Carlos.“

„Wie langweilig!“ Jill rümpfte die Nase. „Nenn ihn

doch *Nada*“, meinte sie kichernd. „Das ist auch spanisch und heißt *nichts*.“

„Was Blöderes fällt dir nicht ein?“ sagte Linda und verzog das Gesicht. „Aber eigentlich hast du recht. Wir sollten ihm wirklich einen Namen geben.“

„Wie wär’s mit dem spanischen Wort für *etwas*?“ schlug Jill noch immer kichernd vor.

Linda verdrehte die Augen. „Du willst mich wohl verschaukeln?“ Nachdenklich betrachtete sie den Papagei. Die Abendsonne schien auf seinen Kopf, der wie ein roter Edelstein leuchtete. „Ich hab’s!“ rief sie plötzlich. „Was hältst du von Rubin? Das ist zwar nicht spanisch, aber trifft den Nagel auf den Kopf.“

„Rubin? Das paßt aber nicht für ein Männchen“, überlegte Jill.

„Ach was, der Artikel ist doch egal. In einem von Paps’ Büchern habe ich gelesen, daß bei den Aras Männchen und Weibchen ganz gleich aussehen und nur Experten den Unterschied kennen. Es kommt doch nur darauf an, daß er einen rubinroten Kopf hat. Und warum sollte nicht auch ein Weibchen Rubin heißen können?“

„Okay, du hast mich überzeugt.“ Jill winkte dem Ara zu und rief: „War nett, dich kennenzulernen, Rubin. Bis morgen! Ich muß jetzt leider gehen.“ Und zu Linda gewandt meinte sie: „Ich bin eigentlich gekommen, um dir zu sagen, welche Hausaufgaben wir bis morgen aufhaben. Du kommst doch morgen wieder zur Schule, oder? Du siehst ja schon wieder ganz gesund aus.“

„Bin ich auch", sagte Linda. „Zumindest so lange, bis du von den Hausaufgaben angefangen hast."

Sie gingen nach oben, und Linda notierte sich, welche Hausaufgaben sie zu machen hatte. „Also dann bis morgen", sagte sie abschließend. „Dann kann ich dir auch sagen, ob Rubin noch da ist."

Als sie Jill zur Haustür begleitete, vergaß sie ganz, auf Cleveland aufzupassen. Sie sah ihn gerade noch in der Hecke vor dem Haus verschwinden. „So ein Mist!" ärgerte sich Linda. „Jetzt muß ich ihn suchen gehen, bevor er Rubin verscheucht."

Sie rannte hinter das Haus und schaute zum Garagendach hoch. Doch da war der Ara nicht. Auch im Apfelbaum saß er nicht. Aber schließlich entdeckte sie ihn doch: Er war zu den Hühnern hinuntergeflogen und pickte die übriggebliebenen Körner auf.

Der Papagei war so sehr mit der Körnersuche beschäftigt, daß er gar nicht merkte, wie der Kater sich anschlich.

Doch Linda erkannte die Gefahr. „Cleveland!" schrie sie. „Hau ab!"

Zu spät. Der Kater hatte bereits zum Sprung angesetzt.

Die Hühner stoben wild gackernd auseinander, die Ente schnatterte, und die Kaninchen verkrochen sich in einer Ecke ihres Stalles.

Der Kater fauchte. Rubin kreischte.

„Hilfe!" rief Linda. „Sie bringen sich gegenseitig um!"

Linda leistet Erste Hilfe

Frau Racer riß die Hintertür auf und kam mit einem Eimer Wasser angerannt. „Geh weg, Linda!“ rief sie, während sie auf den Kater und den Ara zusteuerte. „Das sicherste Mittel, eine Katze zu verscheuchen, ist Wasser!“ Und schon schüttete sie das Wasser über Cleveland aus.

Der Kater stob davon und flüchtete in das Baumhaus.

Der Ara blieb am Boden zurück, und als er ein paar Schritte machte, hinkte er leicht und zog einen Flügel nach.

Linda fühlte sich zwischen den beiden Raufbolden hin und her gerissen, entschied sich aber dann doch, zuerst nach Cleveland zu sehen.

Sie kletterte zu dem Kater hinauf, der auf einem Ast hockte und seine Wunden leckte. Der Papagei hatte ihm mit seinem kräftigen Schnabel und den scharfen Krallen ganze Fellbüschel ausgerissen, und an einem Ohr blutete er sogar. „Armes Katerchen!“ rief Linda, als sie sah, daß seine Schwanzspitze ganz kahl und blutig war. „Wie siehst denn du aus? Komm, ich verbinde dich.“

Sie packte den durchnäßten Kater und stieg vom Baum herunter. „Den Ärmsten hat es ganz schön erwischt“, sagte sie zu Frau Racer. „Was ist mit Rubin?“

„Rubin? So nennst du jetzt den Papagei? Ich glaube,

er hat einen gebrochenen Flügel. Und ein paar Schwanzfedern hat er auch verloren."

„Clevelands Schwanz ist auch ganz blutig."

Frau Racer nickte sorgenvoll. „Wenn nur der Doktor schon da wäre!"

„Den Kater kann ich behandeln, aber mit Vögeln kenne ich mich nicht aus", meinte Linda.

„Aber ich", sagte die Haushälterin. „Ich habe ein paar Hühner zu Hause. Mein Sohn Henry hat doch eine Hühnerfarm. Meines Wissens besteht kein großer Unterschied zwischen einem Ara und einem Hahn. Ich kümmere mich um den Vogel, und du verarztest Cleveland."

„Aber passen Sie auf, daß er Sie nicht in den Finger zwickt! Sie haben noch nicht gesehen, wie er Cleveland zugerichtet hat."

„Keine Angst, so weit wird es gar nicht kommen." Frau Racer streifte ihre weiße Schürze ab und warf sie über den Ara, noch ehe dieser wußte, wie ihm geschah. Sie wickelte ihn darin ein und trug ihn raschen Schrittes ins Haus.

Linda folgte ihr, um ihr die Tür aufzuhalten.

Kaum waren die beiden in der Küche, schrie Erin, die mit Olivia am Tisch saß, laut auf. „Mein Gott, was ist denn mit Cleveland passiert? Er blutet ja!" rief sie. „Und was ist das unter Ihrer Schürze, Frau Racer? Das sieht ja aus wie eine Mumie!"

Olivia sprang auf. „Ich gehe lieber", rief sie. „Ich kann kein Blut sehen. Erin, wir sehen uns morgen in der Schule."

„Ich kann auch kein Blut sehen“, murmelte Erin und wollte Olivia nacheilen.

Doch da sagte Linda: „Hol schnell Jod und Watte aus dem Bad. Und auch Verbandszeug. Cleveland und der Ara haben miteinander gekämpft und müssen verarztet werden. Dann ruf im Tier-Treff an. Wenn Paps noch da ist, sag ihm, er soll rasch nach Hause kommen, denn er wird dringend gebraucht.“

Erin brachte Linda die gewünschten Sachen. Als sie dann im Tier-Treff anrief, meldete sich Mike Strickler, der alte Tierpfleger, der nach Praxisschluß die Patienten betreute, und sagte, Dr. Taylor sei schon fort.

„Gut“, meinte Linda und betupfte Clevelands Ohr mit einem Wattebausch, auf den sie ein paar Tropfen Jod gegeben hatte. Der Kater ließ es sich nur widerstrebend gefallen. „Dann wird Paps ja jeden Augenblick dasein.“

Erin hätte gern gewußt, wie ihre Schwester und Frau Racer die beiden Tiere verarzteten, aber sie konnte nicht hinsehen. „Braucht ihr mich noch?“ fragte sie und schielte zur Tür. „Ich habe nämlich noch eine Menge Hausaufgaben zu machen.“

„Geh nur“, erwiderte Frau Racer. „Wir kommen auch allein zurecht. – Und du, du läßt das gefälligst bleiben!“ warnte sie den Papagei, als dieser sie in den Finger zwicken wollte.

Kaum war Erin gegangen, stürmten Teddy und Sparky mit den Hunden zur Tür herein.

„Heiliger Bimbam!“ schrie Teddy, als er die beiden Patienten erblickte. „Was ist denn hier passiert?“

„Die scheinen sich in die Wolle gekriegt zu haben", meinte Sparky.

„Allerdings", sagte Linda düster. „Teddy, kannst du bitte mal Cleveland halten, ich möchte ihm den Schwanz verbinden."

Während der Junge den Kater festhielt, versuchte Linda, den Verband um die kahle Schwanzspitze zu legen.

Und Sparky schaute Frau Racer zu, wie sie Rubins Wunden desinfizierte. „Hallo, Papagei!" flötete die Kleine. „Erinnerst du dich noch an mich? Ich bin Sparky – du hast meinen Namen schon einmal gesagt. Wie geht's dir denn?"

Der Ara krächzte.

„Hast du das Sprechen verlernt? Sag doch mal Sparky!"

„Der Kampf mit Cleveland scheint ihm die Sprache verschlagen zu haben", meinte Frau Racer. „Kein Wunder, er hat sich ja verbissen zur Wehr setzen müssen."

„Hallo! Wo steckt ihr denn alle?" erklang Dr. Taylors Stimme vom Flur und ging im lauten Gebell der Hunde unter.

„In der Küche!" rief Linda. „Komm schnell, wir brauchen dich."

Einen Augenblick später stand der Tierarzt mit Jokko und Andy in der Küche. Als er die Lage überblickt hatte, fragte er verwundert: „Was zum Teufel ...?"

Alle antworteten gleichzeitig. Und Rubin kreischte, Cleveland miaute, die Hunde bellten.

Dr. Taylor hielt sich mit beiden Händen die Ohren

4 4523-8

zu. „Ruhe!“ brüllte er. „Verglichen mit dem Zirkus hier, ist der Tier-Treff das reinste Paradies!“

Während Linda den Kater streichelte, erzählte sie ihrem Vater, was vorgefallen war. Der Tierarzt rieb sich seinen kurzen grauen Bart. Dann wandte er sich an Teddy: „Bitte bring meine Medikamententasche herein. Ich will sehen, was ich für unsere beiden Patienten tun kann.“

Eben wollte er mit der Untersuchung beginnen, da läutete es an der Haustür.

„Das ist sicher meine Mama“, rief Sparky. „Ich mach’ ihr auf.“

Als Sparky verschwunden war, sagte Linda zu ihrem Vater: „Wir haben die Kleine und ihre Mutter zum Abendessen eingeladen. Das war aber, bevor ...“

„... Cleveland und der Papagei sich in die Wolle kriegten“, fiel Teddy ihr ins Wort. „Meint ihr, wir sollen sie wieder ausladen?“

„Ich wüßte nicht, warum“, erwiderte der Vater, der den Flügel des Papageis untersuchte, während Frau Racer den Vogel festhielt und sanft auf ihn einredete. „Je mehr wir sind, um so lustiger ist es doch.“

„Sag schon, Paps, ist Rubins Flügel gebrochen?“ Lindas Stimme klang besorgt.

Der Tierarzt schüttelte den Kopf. „Sieht nicht danach aus. Wahrscheinlich ist es nur eine Muskelzerrung. Davon abgesehen macht der Bursche einen recht gesunden Eindruck. Seine Augen sind klar, sein Gefieder ist glänzend, und der Schnabel ist ganz glatt. Ich werde ihn aber trotzdem morgen in der Praxis gründlich untersuchen und vom Flügel eine Röntgenaufnahme machen. Reich mir mal den Verband rüber, Linda. Ich binde ihm den Flügel am Körper fest, damit er in Ruhestellung ist."

Rubin ließ sich nur widerstrebend die Behandlung gefallen und kreischte und zwickte in einem fort. Aber der Tierarzt schaffte es dennoch, den Flügel festzubinden. Dann wollte er Cleveland verarzten.

In diesem Augenblick betraten Sparky und ihre Mutter die Küche. „Du meine Güte!" rief Frau Sparks. „Hier sieht es ja aus wie in der Notaufnahme! Philomena hat mir schon erzählt, was passiert ist. Kann ich dir irgendwie behilflich sein, Ted?"

Dr. Taylor schaute lächelnd zu ihr auf: „Tag, Catherine. Nicht nötig. Ich bin gleich fertig. Dann werden wir die Küche sofort wieder in Ordnung bringen."

Während er den Kater untersuchte, sagte Linda: „Rubin hat ihm das Fell an der Schwanzspitze ausgerissen. Ich habe sie mit Jod desinfiziert, bevor ich sie bandagierte."

„Das hast du wirklich gut gemacht, Linda", lobte sie der Vater. „Zum Glück ist ihm nicht mehr passiert. Der Ara hätte ihm auch die Augen auskratzen können." Er schmunzelte. „Der kahle Schwanz ist sicher die Revanche für die ausgerissenen Schwanzfedern. Sag, wie nennst du den Ara?"

„Rubin. Weil sein Kopf und sein Bauch ganz rot sind."

„Bis Clevelands Fell an der Schwanzspitze nachgewachsen ist, werden auch Rubin neue Federn gewachsen sein." Mit diesen Worten ging der Tierarzt zum

Spülbecken, um sich die Hände zu waschen.

Linda nahm Cleveland mit in die Speisekammer und öffnete eine Dose von seinem Lieblingsfutter. Sie wollte den Kater so lange in der Kammer einsperren, bis sie ihn nach oben tragen könnte, ohne daß Rubin ihn sehen würde.

„Ich glaube, wir gehen besser nach Hause“, schlug Frau Sparks vor. „Ihr könnt jetzt wirklich keine Gäste gebrauchen.“

„Unsinn!“ protestierte Frau Racer. Sie nahm Rubin auf den Arm und setzte ihn auf die Rückenlehne eines Küchenstuhls.“ Die Küche ist im Handumdrehen wieder sauber, und das Roastbeef muß auch jeden Augenblick gar sein... Oh, mein Gott!“ stöhnte sie. „In der Aufregung habe ich ganz vergessen, es in die Ofenröhre zu schieben.“

„Was kriegen wir dann zum Abendessen?“ wollte Teddy wissen. „Wir haben nicht einmal ein Fertigessen zu Hause.“

„Ich könnte etwas machen“, erbot sich Frau Sparks. „Meine Spaghettisauce ist doch recht gut, nicht wahr Philomena?“

Sparky nickte lebhaft. „Du machst die besten Spaghetti von ganz Essex, Mama.“ Dann wandte sie sich Frau Racer zu: „Wenn Sie Tomaten, Knoblauch und Nudeln daheim haben, zaubert uns meine Mama ein tolles Essen auf den Tisch.“

„Das ist mir aber gar nicht recht“, seufzte Frau Racer. „Gäste sollten nicht ihr eigenes Essen zubereiten müssen! Wie kann ich nur so schusselig sein?“

„Das macht doch nichts, Frau Racer“, versuchte Linda sie zu beruhigen. „Wir essen eben morgen das Roastbeef.“

„Lassen Sie sich deswegen keine grauen Haare wachsen“, fügte Dr. Taylor hinzu. „Wenn Catherine nichts dagegen hat, werden wir uns gerne davon überzeugen, ob sie die beste Spaghettisauce von ganz Essex zubereiten kann. Ich muß dich allerdings warnen, meine Liebe: Frau Racers Spaghettisauce ist kaum zu übertreffen.“

In diesem Augenblick rief Erin vom Flur herein: „Frau Racer, Henry wartet vor dem Haus auf Sie!“

Während Teddy den Mantel der Haushälterin von der Garderobe holte, ermahnte Frau Racer den Ara mit erhobenem Zeigefinger: „Daß du dich ja anständig benimmst! Und laß gefälligst Cleveland in Ruhe. Henry wird Augen machen, wenn ich ihm sage, was sich heute hier abgespielt hat!“

Nachdem die Haushälterin gegangen war, räumte Linda die Watte und das restliche Verbandszeug weg. Der Vater half ihr beim Reinigen der Anrichte und des Eßtisches. Frau Sparks zog ihre Kostümjacke aus und band sich eine frische Schürze um, die Teddy ihr gebracht hatte.

„Ich weiß, wo die Tomatendosen sind, Mama“, rief Sparky eifrig und wollte in die Speisekammer gehen.

„Warte!“ rief Linda und konnte gerade noch verhindern, daß Cleveland entwischte. „Ich bin gleich zurück.“ Mit diesen Worten klemmte sie sich den Kater unter den Arm und ging zur Tür hinaus. Draußen auf dem Flur begegnete ihr Erin. „Das wäre geschafft“, sagte Linda. „Jetzt kannst du wieder reinkommen. Willst du nicht Frau Sparks beim Kochen helfen? Sie macht heute das Abendessen.“

Erin schaute sie verdutzt an. „Wieso denn das?“

„Weil Frau Racer vergessen hat, das Roastbeef in den Ofen zu schieben. Frau Sparks hat sich bereit erklärt, für uns alle Spaghetti zu kochen. Wir haben doch sie und Sparky zum Abendessen eingeladen.“

„Ach so.“ Erin streichelte den Kater. „Zum Glück hat es ihn nicht schlimmer erwischt. Wie geht's dem Papagei?“

„Paps meint, ziemlich gut. Er spricht nur nicht mehr. Frau Racer glaubt, daß es ihm vor Schreck die Sprache verschlagen hat. Ich bringe Cleveland in mein Zimmer hinauf und bin gleich zurück.“

Ein neuer Hausgenosse

Als Linda wieder in die Küche kam, war Frau Sparks gerade dabei, Knoblauch zu hacken. Auf dem Herd brutzelte Olivenöl in der Pfanne. Teddy öffnete eine Dose Tomaten, Erin half dem Vater beim Salatwaschen, und Sparky saß mit aufgestützten Armen am Tisch und redete auf Rubin ein. Doch der Ara hüllte sich weiterhin in Schweigen.

„Wie geht's dir denn, Rubin?“ fragte sie. „Will Rubin einen Cracker? Wie heißt du? Ich heiße Sparky. Willst du nicht Sparky sagen?“

Der Ara, der noch immer auf der Stuhllehne saß, kratzte sich mit einer Zehe am Kopf. Dann krächzte er.

„Mama, er hat was gesagt“, jubelte Sparky. „Schade, daß du ihn nicht gehört hast.“

„Ich glaube dir ja, Kleines.“ Frau Sparks gab den gehackten Knoblauch und Petersilie in das heiße Öl. „Es würde mich nicht wundern, wenn er nicht zum Sprechen aufgelegt wäre. Du wärst sicher auch nicht gerade gesprächig, wenn du dich bei einer Balgerei verletzt hättest. Teddy, in ein paar Minuten brauche ich die Tomaten. Und du, Erin, könntest du bitte Wasser für die Spaghetti aufsetzen?“

Während Linda mit Sparky den Tisch deckte, fragte sie ihren Vater: „Sag mal, Paps, habt ihr inzwischen erfahren, woher die Papageien kommen?“

„Ja, aber vielleicht ist es auch nur ein Gerücht“, erwiderte der Tierarzt. „Frau Banks vom Tierschutzverein sagte, daß die Vögel auf dem Harrisburger Flughafen ausgekommen sind. Es ist aber noch nicht geklärt, von wem und unter welchen Umständen sie nach Pennsylvania gebracht wurden.“

„Meinst du, sie wurden illegal eingeführt?“ fragte Frau Sparks. „Ich habe gelesen, daß so was vorkommt. Aber nie hätte ich mir träumen lassen, daß wir es in Essex einmal mit Papageienschmugglern zu tun haben könnten.“

Teddy riß die Augen auf. „Was, Schmuggler? Das ist ja ’ne Wucht!“

Linda sah ihn vorwurfsvoll an. „Das ist was sehr

Ernstes, Teddy. Neulich habe ich im Fernsehen einen Bericht über Papageienschmuggel gesehen. In vielen Ländern ist es verboten, Vögel einzufangen und ins Ausland zu exportieren. Aber da mit seltenen Exemplaren viel Geld zu machen ist, blüht der illegale Handel."

Erin lachte. „Dann ist Rubin also ein illegaler Einwanderer?"

„Das ist nicht zum Lachen", wies Linda sie zurecht. „Tiere darf man nicht aus ihrer gewohnten Umgebung herausreißen. Meistens vertragen sie den Klimawechsel nicht und werden krank. Das kann auch mit unseren Papageien passieren."

„Aber doch nicht mit Rubin!" warf Sparky ein. „Ihr kümmert euch ja um ihn. Billy und Eric werden Augen machen, wenn sie hören, daß Papageienschmuggler am Werk waren."

„Moment mal, Kinder", mischte sich Dr. Taylor ein. „Noch gibt es keinen handfesten Beweis dafür, daß Rubin und die anderen Papageien geschmuggelt oder gestohlen wurden. Ich habe euch bereits gesagt, es kann sich auch um ein Gerücht handeln. Wahrscheinlich wird es noch lange dauern, bis die Sache geklärt ist. Vielleicht werden wir auch nie die Wahrheit herausbekommen."

„Okay. Fest steht jedenfalls, daß wir einstweilen für Rubin verantwortlich sind", sagte Linda und streichelte den Kopf des Aras. „Ich wette, er ist hungrig. Wir sollten ihm noch vor dem Abendessen etwas zu fressen geben."

„Was fressen Papageien eigentlich?“ fragte Erin den Vater.

„Mehr oder weniger alles: Körner, Nüsse, Obst, Gemüse, Trockenfutter für Hunde... Da fällt mir ein, Teddy – hast du schon den Hunden ihr Futter gegeben?“

„Das hab' ich glatt vergessen“, gab der Junge zu. „So wie Frau Racer das Roastbeef vergessen hat. Ich füttere sie gleich. Sparky kann mir dabei helfen. Und der Ara bekommt Hühnerfutter. Bist du sicher, daß er das mag, Paps?“

„Selbstverständlich. Füll es ihm in einen Napf, den du auf die Küchenanrichte stellst. Wenn er nicht allzu traurig ist, wird er sicher fressen.“

Linda fragte sich, ob es Frau Sparks nicht stören würde, ihre Spaghettisauce neben dem fressenden Papagei zuzubereiten. Doch offensichtlich fand Frau Sparks gar nichts dabei, denn sie meinte lachend zu Teddy: „Bevor du Rubin holst, solltest du den Salat wegstellen. Wenn er auf Grünzeug steht, frißt er ihn uns womöglich weg.“

„Charly sitzt auch so gerne auf unserer Anrichte“, erzählte Sparky. Charly war ihr grauer Kater. „Frau Wilson aber verscheucht ihn immer. Ich glaube, sie mag ihn nicht besonders. Aber er mag sie auch nicht.“

„Aber Philomena, Frau Wilson kümmert sich bestens um uns – und um Charly“, warf Frau Sparks ein. „Das Essen ist gleich fertig. Bitte hilf jetzt Teddy beim Hundefüttern.“

Als die beiden damit fertig waren und Linda den Ara, der noch immer nicht sprechen wollte, von der

Stuhllehne auf die Anrichte setzte, waren die Spaghetti gar. Erin half Frau Sparks beim Verteilen der Portionen, und Dr. Taylor machte den Salat an. Dann setzten sich alle zu Tisch.

Schon nach dem ersten Bissen rief Teddy: „Sie schmecken genausogut wie die von Frau Racer!"

„Wenn nicht besser – aber sag es ihr nicht", meinte Dr. Taylor lachend. „Catherine, wir werden dich in Zukunft öfter einladen, wenn du so gut für uns kochst."

„Frau Racer sagt, aus mir wird auch mal eine gute Köchin", sagte Erin.

„Ja, du kochst zehnmal besser als Linda", pflichtete ihr Teddy bei. „Linda läßt ja sogar das Wasser anbrennen!"

„So ein Blödsinn! Wasser kann doch gar nicht anbrennen", sagte Sparky und mampfte einen Mundvoll Spaghetti in sich hinein.

„Linda schafft es trotzdem", kicherte Teddy.

„Nein!"

„Doch!"

„Aber Kinder!" riefen Dr. Taylor und Frau Sparks wie aus einem Mund. Dann schauten sie sich an und brachen in Gelächter aus.

Linda grinste. „Teddy hat recht – ich bin eine hoffnungslose Köchin. Mir ist sogar schon mal der Boden vom Teekessel angebrannt. Warum sollte ich also nicht auch Wasser anbrennen lassen?"

Mit einemmal fühlte sich Linda rundum glücklich. Es war schön, Sparky und ihre Mutter hierzuhaben. Sie waren mehr als Gäste, ja, sie zählten schon fast zur

Familie. Sie war auch froh darüber, daß sich Cleveland und Rubin nicht schlimmer verletzt hatten. Und sie selbst fühlte sich auch schon wieder ganz gesund. Ihre Nase lief nicht mehr, und tagsüber hatte sie nur noch selten geniest oder gehustet.

Sie warf einen Blick zu Rubin hinüber, der über den Futternapf gebeugt war. Trotz seiner Verletzungen schien er nach wie vor großen Appetit zu haben. Und obwohl er ein paar Federn verloren hatte, war er noch immer wunderschön. Was würde wohl aus ihm werden? fragte sich Linda.

Erin dachte das gleiche und sagte: „Paps, wem gehört Rubin eigentlich?"

Der Vater zuckte die Achseln. „Gute Frage, Kleines. Das weiß leider niemand."

„Dann ist er also Vollwaise, genauso wie Andy, als er zu uns kam", stellte Teddy fest. Linda wußte genau, was im Kopf ihres Bruders vorging.

Ebenso Dr. Taylor. „Wir werden ihn aber auf keinen Fall behalten", sagte er entschieden. „Erstens gehört er demjenigen, der ihn nach Harrisburg eingeflogen hat, und zweitens würden er und Cleveland sich gegenseitig umbringen."

„Nicht, wenn ich Rubin mit in mein Zimmer nehme", meinte Erin zu Lindas Verwunderung, denn ihre Schwester war bei weitem nicht so tierlieb wie der Rest der Familie. „Rubin könnte Dandy Gesellschaft leisten. Der Kanarienvogel ist sowieso den ganzen Tag allein. Ich wette, er fühlt sich sehr einsam, wenn ich nicht zu Hause bin."

Der Tierarzt teilte den Salat aus. „Nach der morgigen Untersuchung werde ich euch sagen, was mit ihm geschieht, bis wir seinen Besitzer ausfindig gemacht haben. Es wäre durchaus möglich, daß wir ihn in der Zwischenzeit behalten müssen." Er reichte Frau Sparks den Salat. „Aber heute nacht kann er ohne weiteres in Erins Zimmer bleiben."

Erin strahlte. „Super!" jubelte sie. „Jetzt habe ich eine Nacht lang einen eigenen Feuervogel! Vielleicht bringe ich ihn auch wieder zum Sprechen." Sie stand auf und ging auf den Ara zu. „Armer Rubin. Kannst du wirklich nichts mehr sagen?"

Der Papagei schaute sie mit seinen schwarzglänzenden Augen an und krächzte.

„Setz dich wieder, Kleines. Deine Spaghetti werden sonst kalt", sagte der Vater.

„Ich möchte es nur noch einmal versuchen." Sie streichelte den seidigen Rücken des Vogels. „Ich weiß, daß du sprechen kannst, Rubin. Du bist ein so kluger Vogel, und auch ein so schöner."

Rubin schloß die Augen, und Linda dachte, er würde einschlafen. Doch er öffnete sie gleich wieder, neigte den Kopf zur Seite und sagte: „Schöner Vogel, schöner Vogel! Armer Rubin! Schöner Vogel!"

„Hurra!" freute sich Teddy. „Er hat doch nicht das Reden verlernt!"

Sparky klatschte vor Freude in die Hände. „Hast du das gehört, Mama? Ich habe dir gleich gesagt, daß er reden kann."

„Das ist ja lustig", meinte Frau Sparks.

„Du bist lustig!“ sagte Erin zu dem Ara und grinste über beide Ohren.

„Kannst du noch was anderes sagen, Rubin?“ fragte Linda.

Von der allgemeinen Belustigung angeregt, begann der Papagei auf der Küchenanrichte auf und ab zu gehen. Dabei krächzte er: „Schöner Vogel! Armer Rubin! Schöner Vogel!“ Und wieder lachten alle.

„Ich glaube, das war die Antwort auf deine Frage, Linda“, sagte der Tierarzt.

„Wie heißt du? Hasta la vista. Immer mit der Ruhe, amigos. Sparky! Sparky! Schöner Vogel! Schöner Vogel“, rief der Papagei.

„Und was für eine Antwort!“ meinte Linda. „Aber da kommt mir noch eine andere Frage in den Sinn: Wie bringen wir ihn wieder zum Schweigen, jetzt, wo er sich an alle Worte erinnert?“

„Mit Futter.“ Dr. Taylor nahm einen Apfel aus der Obstschale, die auf dem Eßtisch stand. Er schnitt einen Spalt davon ab und hielt ihn dem Ara entgegen. Rubin war augenblicklich still und verschlang gierig das Apfelstückchen. Und so konnten sie in aller Ruhe zu Ende essen.

Nachdem sich Sparky und ihre Mutter verabschiedet hatten, gingen Dr. Taylor und Teddy in den Hobbyraum hinunter, um aus Holzleisten und dem Boden einer Holzkiste einen Freisitz für den Ara zu bauen. Diesen trugen sie dann in Erins Zimmer hinauf und stellten ihn neben Dandys Käfig.

Linda brachte noch einen Behälter mit Sägemehl,

das Teddy gewöhnlich in den Hamsterkäfig streute.

„Daran habe ich gar nicht gedacht“, sagte Erin.

„Keine Sorge, Kleines, Papageien machen nicht so viel Schmutz, wie Herr Keller meint“, sagte der Vater. Dann wandte er sich an Linda: „Willst du Rubin nicht heraufholen, damit er seinen Zimmergenossen kennenlernt?“

Wenige Minuten später saß der Ara auf dem Freisitz. Neugierig untersuchte er ihn, knabberte am Holz, streckte den gesunden Flügel aus, plusterte sich auf und krächzte schließlich: „Adios, amigos. Bis morgen!“

Erin begann zu kichern. „Ich nehme an, er will jetzt schlafen gehen. Willst du nicht auch Dandy gute Nacht sagen?“ fragte sie den Ara. Dann deutete sie mit dem Finger auf Dandy und meinte: „Das ist Dandy. Sag mal seinen Namen.“

Dandy trillerte und schaute den Neuankömmling von der Seite an. Auch Rubin ließ den Kanarienvogel nicht aus den Augen, gab aber keinen Laut von sich.

„Erin, du mußt ganz langsam und deutlich mit ihm reden“, erklärte ihr der Vater. „Und sag nur wenige Worte. Papageien lernen nur dann sprechen, wenn man ihnen die Worte immer wieder vorsagt.“

„Laßt es mich mal versuchen“, meinte Linda. „Rubin, sag Dandy.“

„Rubin, sag Dandy“, wiederholte der Ara. „Rubin, sag Dandy. Schöner Vogel! Schöner Vogel!“

„Oh, du bist ja so klug!“ rief Erin. „Ich wette, du und Dandy, ihr werdet noch ganz dicke Freunde werden.“

Als Linda in ihr Zimmer ging, lag Cleveland eingerollt auf ihrem Bett. Er tat ihr aufrichtig leid, wie er so dalag, mit der Wunde am Ohr und dem eingebundenen Schwanz. Sie setzte sich neben ihn und kraulte ihn unter dem Kinn. „Wie geht's dir denn?“ fragte sie.

Der Kater schnurrte.

Linda nahm ihn in die Arme und drückte ihn fest an sich. „Weißt du was“, sagte sie, „du kannst mit runterkommen. Die Luft ist wieder rein. Ich gebe dir dein Lieblingsfutter und ein Schälchen Milch. Aber dann muß ich Hausaufgaben machen. Ich habe eine Menge nachzuholen.“ Als sie den Kater in die Küche trug, fügte sie hinzu: „Ich hoffe, du hast heute auch etwas dazugelernt: Greife nie ein Tier an, das größer ist als du selbst, nicht einmal einen Vogel. Verstanden?“

Der Kater schaute sie nur mit großen Augen an.

Alles dreht sich um Rubin

Am nächsten Morgen stürmten Linda, Teddy und Erin gleichzeitig zur Haustür, um den *Tagesanzeiger* zu holen, den der Zeitungsjunge auf die Treppe gelegt hatte. Linda erwischte als erste das Blatt. Auf der Titelseite war ein großes Bild von Rubin und den anderen Papageien, mit der Überschrift: *Papageien bei ortsansässigem Tierarzt gelandet – Ganz Essex ist vom Papageienfieber erfaßt!*

„Wir sind berühmt!“ jubelte Teddy und riß Linda die

Zeitung aus der Hand. Dann rannte er damit in die Küche. „Sieh dir das an, Paps!“ Er hielt dem Vater die Zeitung unter die Nase und hätte dabei um ein Haar die Kaffeetasse umgeworfen. „Sie schreiben über Rubin und uns!“

Erin und Linda schauten dem Vater über die Schulter, und Teddy drängte sich dazwischen, als der Tierarzt laut vorlas: *„Donnerstag früh ließ sich ein Schwarm von Papageien vorübergehend im Garten des Tierarztes Theodor Taylor, des Besitzers der Tierarztpraxis in der Birkenallee, nieder...“*

„Sie waren aber auch bei Herrn Keller drüben“, rief Teddy dazwischen.

Linda gab ihm einen Klaps auf den Schirm seiner Baseballmütze.

„Kann ich weiterlesen?“ fragte der Vater. Er las den Artikel zu Ende, der mit der Hoffnung des Reporters schloß, den sprechenden Ara zu einem späteren Zeitpunkt interviewen zu können.

„Ein Glück, daß Rubin wieder redet“, meinte Erin, während sie allen Milch in die Müslischalen goß. „Sonst gäbe es nicht viel zu interviewen.“

„Paps, darf ich heute nach der Schule in den Tier-Treff kommen?“ wollte Linda wissen. „Ich hab' schon solche Sehnsucht nach Gray Ghost und den anderen Tieren. Außerdem möchte ich möglichst bald wissen, was mit Rubins Flügel ist.“

Der Vater schüttelte den Kopf. „Tut mir leid Linda, aber du mußt dich noch eine Weile schonen. Der heutige Schultag ist schon anstrengend genug. Deshalb

5 4523-8

sollst du gleich nach der Schule nach Hause gehen."

Linda versuchte ihn umzustimmen, doch Dr. Taylor blieb unnachgiebig. „Heute abend werdet ihr alle erfahren, wie es um Rubins Gesundheit steht. Aber jetzt sollten wir endlich frühstücken. Ich habe keine Lust, jedem von euch eine Entschuldigung wegen Zuspätkommens zu schreiben, nur weil euch das Papageienfieber gepackt hat."

Linda hatte den Eindruck, als hätte die gesamte Schülerschaft des Hamilton-Gymnasiums den Zeitungsbericht über die Papageien gelesen. In den Pausen wurde sie von ihren Klassenkameraden umlagert und mit Fragen bestürmt.

Selbst Susan Bascombe, die nicht zu Lindas Freundinnen zählte, machte nicht wie üblich einen Bogen um sie, sondern rief ihr auf dem Weg zum Turnsaal nach: „So warte doch, Linda!" Sie schloß sich Jill und Linda an und meinte: „Das ist schon eine tolle Geschichte, daß die Papageien ausgerechnet in eurem Garten gelandet sind. Hast du gewußt, daß Aras ganz teure Vögel sind? In Zoogeschäften muß man ein Vermögen dafür hinblättern..., wenn sie sprechen können. Eurer kann es sicher nicht, oder?"

Linda grinste sie an. „Warum sollte in der Zeitung die Unwahrheit stehen? Natürlich kann Rubin sprechen, sogar spanisch."

„Ja, ich habe es selbst gehört", fügte Jill hinzu.

Susan schüttelte den Kopf. „Das glaube ich erst, wenn ich ihn mit eigenen Ohren gehört habe."

Linda stieß die Tür zum Turnsaal auf und ging zu dem Wandschrank, in dem die Bälle aufbewahrt waren. „Das wirst du sicher nie glauben, denn um Rubin sprechen zu hören, müßte ich dich zu mir nach Hause einladen. Das wirst du aber nie erleben." Sie warf Susan den Ball zu. „Da, fang auf!"

Susan fing ihn mit einem leisen Aufschrei auf. „Du hast mir einen Fingernagel abgebrochen! Das hast du absichtlich getan!" Wütend stakste sie davon.

Jill schaute ihr grinsend nach. „Hast du gemerkt, wie neidisch sie war? Sie gibt doch ständig damit an, wie teuer ihr kleiner Pudel war. Und jetzt stinkt es ihr natürlich, daß ausgerechnet du ein noch viel teureres Haustier hast."

„Aber Rubin bleibt nicht bei uns", erklärte ihr Linda. „Wir behalten ihn nur so lange, bis sich sein Besitzer meldet. Außerdem glaube ich nicht, daß ein Ara, dem sämtliche Schwanzfedern fehlen und der einen Flügel nachzieht, noch viel wert sein kann, und schon gar nicht in Susans Augen. Aber man hat viel Spaß mit ihm. Komm doch am Sonntag zu uns. Samstag habe ich leider keine Zeit, denn wenn Paps es erlaubt, werde ich wieder im Tier-Treff arbeiten."

„Ich komme gerne", sagte Jill. „Dann helfe ich dir auch bei den Hausaufgaben. Rubin kann dir vielleicht beim Spanischlernen behilflich sein!"

Als Dr. Taylor abends nach Hause kam, berichtete er, daß Rubin bei bester Gesundheit sei und sich nicht den Flügel gebrochen habe. Er sagte auch, daß man noch immer nicht den Besitzer des Flugzeuges, das die Papageien nach Harrisburg gebracht hatte, ausfindig gemacht habe. Er sei ebenso spurlos verschwunden wie die Papageien.

„Dann können wir ja Rubin behalten – wenigstens eine Zeitlang“, freute sich Erin. „Vielleicht bringt ihm Dandy das Singen bei.“

Am Freitag endlich erlaubte der Tierarzt, daß Linda nach der Schule wieder im Tier-Treff mithalf. Es kam ihr vor, als wäre sie wochenlang nicht mehr dort gewesen, dabei waren es doch nur wenige Tage. Zuerst rannte sie auf die Wiese hinter dem Stall, um ihren geliebten Apfelschimmel, Gray Ghost, zu begrüßen.

Da der Wallach fast schon blind war, konnte er Linda kaum noch sehen. Er erkannte aber ihre Stimme, als sie seinen Namen rief. Er kam sogleich an den Zaun und wieherte. Linda legte die Arme um seinen Hals. „O Ghost, du hast mir so gefehlt! Ich konnte leider nicht kommen, denn ich war krank. Hast du mich arg vermißt? Schau, was ich dir mitgebracht habe.“ Sie gab ihm eine Karotte, die sie von zu Hause mitgenommen hatte, und Gray Ghost schnupperte gierig daran.

„Wenn ich bloß mehr Zeit für dich hätte!“ seufzte Linda und streichelte ihn hinter den Ohren. „Aber Paps braucht mich im Tier-Treff. Wenn nicht allzuviel Betrieb ist, können wir noch einen kleinen Ausritt machen, bevor ich nach Hause fahre. Bis später also!“ Sie tätschelte seinen Hals. Gray Ghost schnaubte und trabte davon.

Linda stützte sich auf den Bretterzaun und schaute ihrem Pferd noch lange nach. Dann ging sie in die Tierklinik zurück.

In der Krankenstation traf sie Toby an, der gerade mit dem Verabreichen der Medikamente beschäftigt war. „Na, du Schulschwänzerin, jetzt beginnt wieder der Ernst des Lebens, was?“ begrüßte er sie lachend. „Könntest du mal der bescheuerten Hündin da ihre Tablette geben?“

„Die ist nicht bescheuert. Das ist Herrn Beldings Terrierhündin Asta. Was fehlt ihr denn?“

„Blasenentzündung.“ Toby reichte Linda den kleinen Plastikbecher, in dem die Tablette lag. „Bei mir weigert sie sich, das Zeug zu schlucken. Vielleicht hast du mehr Glück?“

„Das hat nichts mit Glück zu tun, sondern mit Geschicklichkeit“, erwiderte Linda, während sie den Käfig öffnete. Dann schob sie Asta die Tablette in den Rachen. „Wie du siehst, habe ich nichts verlernt“, sagte sie zu Toby. „Wer kommt als nächstes dran?“

Es dauerte nicht lange, und Linda hatte sich wieder eingearbeitet. Sie hatte so viel zu tun, daß für einen Ausritt keine Zeit mehr blieb. Als sie gegen Abend Gray Ghost in den Stall führte, versprach sie ihm: „Morgen machen wir bestimmt einen langen Ausritt, bevor Jill kommt. Sie möchte sich Rubin ansehen. Ach ja, ich habe dir ja noch gar nicht von Rubin erzählt! Es ist ein wunderschöner Ara...“

„Erzählst du Ghost von eurem berühmten Papagei?"

Linda hatte Mike Strickler gar nicht kommen hören, der einem kranken Schaf Futter brachte. „Tag, Linda. Hast du die Grippe gut überstanden?" erkundigte sich der Tierpfleger.

„Danke, mir geht's schon wieder ausgezeichnet. Bin ich froh, daß ich wieder bei euch sein kann!"

„War auch höchste Zeit, daß du dich hier wieder blicken läßt", brummte Mike scherzhaft. „Wenn du noch länger weggeblieben wärst, hätte dich Ghost nicht wiedererkannt."

„Das glaube ich nicht!" sagte Linda und klopfte dem Wallach den Hals. „Du würdest mich nie so rasch vergessen, nicht wahr, mein Lieber?"

Mike lehnte sich an die Stalltür und grinste. „Da wäre ich mir nicht so sicher. Als ich Ghost gestern abend von dir erzählte, fragte er: ‚Wer ist denn Linda?' Und als es ihm wieder dämmerte, wollte er wissen, wann du dich wieder bei ihm blicken läßt, denn ohne dich wäre es ihm verdammt langweilig." Mike hatte wie Linda die Angewohnheit, mit den Tieren zu sprechen. Im Gegensatz zu Linda aber war Mike davon überzeugt, daß die Tiere ihm auch antworteten.

Linda lachte. „Danke, daß Sie ihn an mich erinnert haben. Aber von jetzt an wird er nicht mehr einsam sein." Plötzlich fragte sie sich, ob sich Mike nicht auch manchmal einsam fühlte. Er hatte keine Familie und lebte ganz allein. Nicht einmal ein Haustier hielt er. Außer den Leuten und Patienten im Tier-Treff hatte er aber eine Menge Freunde. Vielleicht war er doch nicht so einsam ...

Die Autohupe ihres Vaters riß sie jäh aus ihren Gedanken. „Ich muß jetzt gehen", sagte sie zu Mike und Gray Ghost. „Bis morgen!" Sie drückte dem Wallach einen Kuß auf die samtene Nase, winkte Mike noch einmal rasch zu und stürmte aus dem Stall hinaus.

Auf dem Nachhauseweg unterhielt sie sich mit ihrem Vater über die Tiere, die sie zuvor gemeinsam behandelt hatten.

„Ach, übrigens, morgen abend bin ich nicht zu Hause", sagte Dr. Taylor. „Kannst du dich ein wenig um deine Geschwister und um Sparky kümmern? Es wird sicher nicht spät werden."

„Wieso Sparky?" wunderte sich Linda. „Übernachtet sie bei uns?"

„Nein, sie kommt nur zum Abendessen. Ich habe nämlich ihre Mutter zum Italiener eingeladen. *Cesare* ist das beste Restaurant, das wir in Essex haben. Ich möchte mich dafür erkenntlich zeigen, daß sie neulich für uns gekocht hat."

„Geht in Ordnung, Paps", versprach Linda und zwinkerte ihm zu. „Dann spiele ich mal wieder Babysitter. Ich wette, Frau Sparks geht nur selten aus."

„Schon möglich." Der Vater schwieg eine Weile und konzentrierte sich auf den Verkehr. Doch dann meinte er: „Weißt du, Catherine hat es nicht leicht. Sie muß Sparky ganz allein großziehen, und noch dazu ist sie den ganzen Tag im Büro."

„Tja, das ist sicher kein Honiglecken. Und wann hat

sie denn schon so richtig Spaß, wie jetzt, wo du mit ihr ausgehst? Sonst geht sie höchstens mal mit Sparky einen Hamburger essen." Sie schaute ihren Vater von der Seite an. „Im Grunde hast du auch wenig Spaß. Du solltest wirklich öfter ausgehen."

Dr. Taylor lachte. „Mach dir meinetwegen keine Sorgen, Kleines. Trotzdem vielen Dank für deinen Rat. Vielleicht werde ich ihn in Zukunft auch wirklich mehr beherzigen."

Zu Hause angekommen, wurden die beiden an der Tür stürmisch von Andy und Jocko begrüßt. Dann krächzte jemand: „Laßt die Hunde nicht hinaus! Laßt die Hunde nicht hinaus!"

„Habt ihr das gehört?" rief Teddy und stürmte in die Diele. „Erin und ich haben Rubin neue Wörter beigebracht! Und auch Frau Racer ..." Er nahm den Vater bei der Hand und zog ihn ins Wohnzimmer. Auf dem Couchtisch stand der Freisitz mit dem Ara. Davor saß Erin mit einer Schüssel Weintrauben auf dem Schoß.

„Hallo Paps, hallo Linda!" rief sie. „Hört euch das an – Rubin kann die Nanen berühmter Ballettstücke sagen!" Sie hielt eine Weinbeere in die Höhe, und der Ara schielte gierig danach. „Rubin sag: *Schwanensee, Schwanensee.*"

Teddy lachte. „He, Rubin, sag: Spring in den Schwanensee."

„Laß den Blödsinn, Teddy!" zischte Erin.

„Blödsinn, Blödsinn!" krächzte der Papagei und schnappte nach der Weinbeere.

„O nein, mein Lieber! Die kriegst du erst, wenn du

Schwanensee gesagt hast!“

Rubin plusterte sein farbenprächtiges Gefieder auf und kratzte sich am Kopf. „Spring in den Schwanensee!“ kam es deutlich aus seinem Schnabel. Und gleich darauf schnappte er sich die Weinbeere.

Teddy krümmte sich vor Lachen. „Siehst du, er hat es gesagt.“

Dr. Taylor, Linda und Erin mußten ebenfalls lachen.

„Wo ist eigentlich Frau Racer?“ fragte der Tierarzt, als er sich in seinem Lehnstuhl am Kamin niederließ.

„Henry hat sie kurz bevor ihr gekommen seid, abgeholt“, antwortete Teddy.

„Das Abendessen ist gleich fertig“, verkündete Erin. „Zur Nachspeise gibt es Obstkuchen. Ich habe ihn selbst gebacken.“

„Da wir gerade vom Essen reden: Sparky wird morgen mit euch zu Abend essen!“ sagte Dr. Taylor.

„Au fein!“ freute sich Teddy.

„Und was ist mit dir, Paps? Bist du nicht da?“ fragte Erin.

„Paps geht mit Frau Sparks zum Essen“, erklärte Linda.

Erin rümpfte die Nase. „Wieso denn das?“

„Weil ich mich dafür bedanken möchte, daß sie am Donnerstagabend für uns gekocht hat. Das war ausgesprochen nett von ihr, weil sie doch eigentlich unser Gast war.“

„Aha. Und wohin führst du sie aus?“ wollte Erin wissen und gab dem Ara noch eine Weinbeere.

„Zu *Cesare.* Wir mögen beide die italienische Küche.“

„Werdet ihr wieder Spaghetti essen?“ fragte Teddy.

Dr. Taylor lachte. „Ich glaube nicht. Es gibt noch andere gute italienische Gerichte.“ Er begann in der Zeitung zu blättern.

Erin stand plötzlich auf und sagte: „Ich seh’ mal nach, ob die Kartoffeln schon gar sind. Linda, heute bist du mit dem Tischdecken dran.“

„Okay. Ich möchte vorher nur hallo zu Cleveland sagen. Wo steckt er eigentlich?“

„Woher soll ich das wissen?“ entgegnete Erin eingeschnappt und ging in die Küche.

Linda wunderte sich über Erins schnippischen Ton. Was mochte ihr so plötzlich über die Leber gelaufen sein?

„Cleveland ist sicher in deinem Zimmer“, meinte Teddy. „Ich glaube, er fürchtet sich noch immer vor Rubin. Aber Rubin hat keine Angst vor ihm.“ Hämisch grinsend ging er zum Couchtisch. „Möchtest du hören, was ich ihm noch beigebracht habe?“ Er beugte sich zu dem Vogel hinunter und flüsterte ihm etwas zu.

„Ich hasse Katzen!“ krächzte Rubin.

„Teddy, du bist unmöglich!“ empörte sich Linda, konnte sich aber dennoch nicht das Schmunzeln verkneifen.

„Das hab’ nicht ich gesagt, sondern Rubin“, meinte Teddy mit Unschuldsmiene.

„Deckst du nun den Tisch oder nicht, Linda?“ rief Erin aus der Küche.

„Ja, ich hole nur vorher Cleveland.“ Auf dem Weg

nach oben in ihr Zimmer fragte sie sich, warum Erin auf einmal so beleidigt war.

Auch während des Abendessens war ihre Schwester auffallend still. Als sich dann der Vater in sein Arbeitszimmer zurückzog und Teddy mit den Hunden noch einen kurzen Spaziergang machte, hatte Linda die Gelegenheit, mit Erin unter vier Augen zu sprechen. „Sag mal, Erin, was ist los mit dir?“ fragte sie, während sie die Küche aufräumten.

„Was soll schon sein?“ Erin vermied es, Linda anzusehen, während sie das Geschirr in die Spülmaschine stellte.

„Aber du hättest mir doch am liebsten den Kopf abgebissen, als ich dich nach Cleveland fragte. Und während des Abendessens hast du auch kaum den Mund aufgemacht. Willst du mir nicht verraten, was du hast?“

„Nichts. Es ist alles in bester Ordnung ..., oder besser wäre es, wenn ...“ Ihre Stimme versagte.

„Wenn was?“ hakte Linda nach. „So laß dir doch nicht jedes Wort aus der Nase ziehen. Was immer es auch ist, du kannst es mir doch sagen. Ich bin schließlich deine Schwester, und Schwestern haben keine Geheimnisse voreinander.“

Erin überlegte einen Augenblick lang, dann sagte sie: „Ich wünschte nur, Sparky würde nicht die ganze Zeit bei uns rumhängen.“

„Und warum?“ fragte Linda erstaunt. „Sie ist doch Teddys Freundin und ein nettes Mädchen. Ich dachte, du könntest sie auch gut leiden.“

„Kann ich auch, aber ..." Erin machte die Spülmaschine zu und schaltete sie ein.

„Aber was?"

„Aber auch Frau Sparks ist ständig bei uns", murmelte Erin. „Und ich finde es nicht richtig, wenn unser Vater mit Sparkys Mutter ausgeht."

Linda starrte sie an. „Ist es das, was dich stört? Kränkt es dich, daß Paps Frau Sparks zum Italiener eingeladen hat?"

„Das kränkt mich nicht, aber ich finde es nur komisch. Seit Mamas Tod ist Paps noch nie ausgegangen."

„Was wissen wir schon? Vielleicht hat er es uns nur nicht gesagt? Und wenn er wirklich nie ausgegangen ist, dann ist es höchste Zeit, daß er es wieder tut. Schließlich arbeitet er den ganzen Tag, ebenso Frau Sparks. Glaubst du nicht, daß die beiden ein wenig Zerstreuung verdient haben?"

„Doch, aber warum kann sich Frau Sparks nicht mit ihrer Tochter zerstreuen und Paps mit uns?"

Linda seufzte. „Aber es ändert sich doch nichts für uns, wenn Paps sie einmal zum Essen einlädt. Du hast doch gehört, was er gesagt hat. Er will sich nur für das Essen, das sie uns zubereitet hat, revanchieren. Da ist doch nichts dabei. Sie sind gute Freunde, und mit Freunden kann man doch essen gehen."

Erin machte ein erleichtertes Gesicht. „Du meinst, sie sind einfach gute Freunde, Freunde, so wie du und Toby?"

„Klar", sagte Linda. „Toby ist zwar ein sehr guter Freund, aber mehr ist zwischen uns nicht." Bei dem

Gedanken mußte sie lachen. „Und Frau Sparks ist auch nur eine gute Freundin von Paps. Also laß dir deswegen keine grauen Haare wachsen. Okay?"

„Versprochen, Linda", sagte Erin und lächelte wieder. „Komm, wir bringen Rubin noch ein paar Worte bei, bevor wir zu Bett gehen."

Das Interview

Als Linda und ihr Vater am späten Samstagnachmittag vom Tier-Treff nach Hause kamen, war Sparky bereits da. Sie saß mit Teddy und Erin im Hobbyraum unten, der eigentlich für Erins Ballett-Training bestimmt war. Aber heute tanzte niemand, sondern alle drei machten sich einen Spaß daraus, Rubin zum Sprechen zu bringen. Dazu bedurfte es diesmal nicht mehr besonderen Zuredens, denn Linda konnte schon von weitem seine krächzende Stimme hören: „Schöner Vogel! Schöner Vogel! Ich bin hungrig. Immer mit der Ruhe! Ich bin so schusselig."

„Rubin hat schon wieder ein paar Worte dazugelernt", sagte Linda zu Frau Racer.

„Nicht schlecht! Dieser Vogel ist so klug, daß er auch noch Chinesisch lernen würde!" meinte die Haushälterin und leerte den Kartoffelbrei in eine Schüssel, die sie mit Alufolie zudeckte. „Wenn ihr abends essen wollt, stellt sie einfach ein paar Minuten in den Mikrowellenherd. Das Huhn ist bereits in der

Backröhre. Und für dich, Linda, gibt es Reis mit Käsesoufflé."

Linda lächelte. „Das klingt ja köstlich. Es riecht auch schon so verführerisch."

„Schusselig! Schusselig!" krächzte Rubin vom Hobbyraum herauf.

„Das habe *ich* ihm beigebracht", brüstete sich Frau Racer. „Nach ein paar Minuten konnte er es schon. Ich wette, es gibt keinen zweiten Papagei auf der Welt, der so gelehrig ist."

Sie streifte ihre Schürze ab und hängte sie an die Speisekammertür. „Ich gehe jetzt. Mein Sohn Henry wird jeden Augenblick dasein. Hoffentlich sehe ich noch den Doktor, wenn er sich zum Ausgehen feingemacht hat. Ich weiß gar nicht mehr, wann ich ihn zum letzten Mal in einem richtigen Anzug gesehen habe ..." Sie hielt einen Moment inne. Dann wandte sie sich Linda zu: „Ich habe deine Mutter wie eine eigene Tochter geliebt, aber es ist nun doch schon mehr als drei Jahre her, daß sie von uns gegangen ist. Ich bin ehrlich froh, daß euer Vater sich wieder für eine andere Frau interessiert, besonders für eine so sympathische wie Frau Sparks."

Linda beugte sich zu Cleveland hinunter, um ihn auf den Arm zu nehmen, und sagte: „Ich bin auch froh darüber. Ich habe schon zu Erin gesagt, er braucht ein wenig Zerstreuung im Freundeskreis."

„Ja schon, aber ich meine nicht diese Art von Freundschaft", wandte Frau Racer ein und strich sich eine graue Haarsträhne aus der Stirn. „Der Doktor hat viele Freunde, aber mit einer hübschen Frau auszugehen ist doch was anderes."

Linda machte ein verblüfftes Gesicht. „Wollen Sie damit sagen, daß Paps und Frau Sparks ..."

Die Haushälterin streichelte Lindas Wange. „Ich meine nur, daß Frau Sparks eine sehr nette Frau ist und der Doktor ein sehr netter Mann. Und sie mögen sich. Aber wer weiß schon, was die Zukunft bringt?"

Da ertönte vor dem Haus eine Autohupe. Frau Racer ging rasch in die Diele, nahm ihren Mantel aus dem Garderobenschrank und ließ sich von Linda hineinhelfen.

„Also dann bis Dienstag", sagte Frau Racer. „Und sieh zu, daß sich dein Vater die passende Krawatte umbindet. Soweit ich weiß, lassen sie einen bei *Cesare* nur mit Krawatte hinein."

Als Linda Frau Racer nachschaute, wie sie in den Wagen zu ihrem Sohn stieg, überkam sie ein sonderbares Gefühl. Soeben hatte sie noch zu Erin gesagt, ihr Vater und Frau Sparks wären nichts weiter als gute Freunde. Aber Frau Racer schien offensichtlich mehr dahinter zu vermuten. Und da wurde Linda klar, daß ihr diese Vorstellung ebensowenig behagte wie Erin.

Gleich darauf kam der Vater die Treppe herunter. Er hatte seinen besten Anzug an und trug dazu die Krawatte, die ihm Linda zu Weihnachten geschenkt hatte.

Linda fand, daß er sehr gut aussah und irgendwie jünger. „Wiedersehen Paps, und viel Spaß", sagte sie und küßte ihn auf die Wange. Dann ging sie in die Küche, um Cleveland und die Hunde zu füttern. Dabei gingen ihr Frau Racers Worte nicht mehr aus dem Sinn.

Das ganze Wochenende über stand der Ara im Mittelpunkt des Interesses. Gleich nach Lindas Rückkehr von ihrem morgendlichen Ausritt trafen am Sonntag immer wieder neue Freunde ein, die den sprechenden Papagei sehen wollten. Linda und Jill waren mit der Zubereitung von Popcorn und Zitronenlimonade für sämtliche Rubin-Fans beschäftigt. Aber auch Rubin hatte entdeckt, daß ihm Popcorn noch besser schmeckte als Weintrauben.

In der darauffolgenden Woche erlangte Rubin eine noch größere Popularität, als Louise Gimbels „Interview" mit dem Ara im *Tagesanzeiger* von Essex erschien. Die Journalistin hatte mit Dr. Taylor für Donnerstagabend einen Termin vereinbart, um sich von Rubins Redekunst zu überzeugen. Während der Fotograf, der mit ihr gekommen war, ein paar Aufnahmen machte, notierte sich Frau Gimbel alles, was Rubin sagte – und das war eine ganze Menge. Sie ließ auch ein Tonbandgerät laufen, damit ihr ja kein Wort entging.

„Wollen Sie ihm denn keine Fragen stellen?" fragte Teddy die Reporterin, als Rubin einen Augenblick lang still war. „Ich dachte, die gehören zu einem Interview?"

„Richtig, Teddy", meinte die Reporterin. „Wenn es sich um eine Person handelte, würde ich Fragen stellen. Aber Papageien, selbst wenn sie so klug sind wie

6 4523-8

Rubin, verstehen nicht alles, was man zu ihnen sagt. Deshalb möchte ich zuerst die Antworten, und erst dann formuliere ich die entsprechenden Fragen."

„Ah, wie bei den Spielshows im Fernsehen?" warf Erin ein.

„Ja, genau so", erwiderte Frau Gimbel. „Morgen könnt ihr im *Tagesanzeiger* die Fragen lesen."

Als das „Interview" beendet war und Dr. Taylor die Reporterin und den Fotografen zur Tür begleitete, zog Teddy Frau Gimbel beiseite und flüsterte ihr etwas ins Ohr. Sie machte ein erstauntes Gesicht, doch dann lächelte sie. „Ich glaube, das geht in Ordnung", sagte sie. „Aber du mußt vorher mit deinem Vater darüber sprechen. Wenn er einverstanden ist, soll er mich anrufen."

„Worum ging es denn, Teddy?" wollte Linda wissen, als die Zeitungsleute gegangen waren. „Worüber sollst du mit Paps reden?"

Teddys Augen leuchteten vor Begeisterung. „Ich habe sie nur gefragt, ob sie von der Tonbandkassette nicht mehrere Kopien anfertigen könnte. Wir könnten sie verkaufen und eine Menge Geld damit machen. Sie sagte aber, ich müßte vorher mit Paps darüber reden."

„Und der sagt nein!" entschied Dr. Taylor. „Dieser Vogel ist keine Zirkusnummer und auch kein Werbegag. Wir werden auf keinen Fall aus seiner Begabung Geld herausschlagen."

„Warum denn nicht? Erin tut es doch auch!" motzte Teddy.

„Was?" Erins Stimme klang beinahe so schrill wie die

des Papageis. „Wie kommst du denn darauf?“

„Ganz einfach: Wenn eure Ballettklasse eine Vorstellung gibt und Eintrittsgeld verlangt, dann macht ihr ja auch Geld mit eurem Talent.“

Linda sah dem Vater an, daß er sich nur mit Mühe das Lachen verkneifen konnte. „Nein, Teddy, das stimmt nicht“, sagte er. „Erin und die anderen Mädchen in Fräulein Tamaras Ballettklasse tanzen sicher nicht für Geld. Die Einnahmen aus einer Ballettaufführung kommen der Tanzschule zugute.“

„Ja, aber ich könnte das Geld für die Tonbandkassetten dringend gebrauchen, um mir ein neues Skateboard zu kaufen“, sagte Teddy. „Vielleicht könnte ich auch Rubin das Skateboardfahren beibringen.“

„Immer mit der Ruhe! Immer mit der Ruhe!“ rief Rubin dazwischen, und schließlich beendeten sie die Diskussion.

In der Freitagsausgabe machte Rubin abermals Schlagzeilen: *Exklusives Interview mit geheimnisvollem Ara!*

Diesmal las Linda den Artikel vor: *„Letzte Woche wurde die Stadt Essex von einem Papageienschwarm überrascht. So plötzlich wie die grünen Exoten gekommen waren, waren sie auch wieder verschwunden. Allerdings ließen sie ihren Sprecher zurück, einen Ara namens Rubin. Im Augenblick erholt er sich im Hause des Tierarztes Dr. Theodor Taylor von seinem erbitterten Kampf mit einem wütenden Kater. Gestern abend hatten wir Gelegenheit zu einem Interview mit Rubin. Wenngleich der Ara seine Herkunft ver-*

schwieg, so teilte er uns dennoch eine Menge interessanter Dinge mit.
Reporter: Wie heißt du?
Rubin: Wie heißt du?
Reporter: Ich heiße Louise Gimbel. Willst du mir nicht sagen, wie du heißt?
Rubin: Armer Rubin. Schöner Vogel.
Reporter: Ja, du bist wirklich ein schöner Vogel. Was hast du dir gedacht, als neulich deine Freunde weggeflogen sind?
Rubin: Adios, amigos! Hasta la vista!
Reporter: Vermißt du deine Papageien-Freunde?
Rubin: Was soll das? Was soll das?
Reporter: Du meinst, du vermißt sie nicht, weil du neue Freunde gewonnen hast, wie zum Beispiel den Kater Cleveland?
Rubin: Ich hasse Katzen!
Reporter: Wie gefällt es dir hier in Essex?
Rubin: Wunderbar, wunderbar!
Reporter: Interessierst du dich für Ballett?
Rubin: Spring in den Schwanensee!
Reporter: Möchtest du unseren Lesern noch etwas sagen?
Rubin: Haut ab! Marsch!
Reporter: Somit wäre unser Interview beendet. Herzlichen Dank, Rubin, für deine Offenheit.
Rubin: Bis morgen! Hasta la vista!“

„Das ist ja ’ne Wucht!“ rief Teddy. „Bist du sicher, Paps, daß du bei deiner Meinung bleibst? Jetzt wird doch sicher jeder, der diesen Artikel gelesen hat, eine

Tonbandaufzeichnung haben wollen."
Dr. Taylor schüttelte den Kopf. „Nein, Teddy. Kommt nicht in Frage. Aber zugegeben, Frau Gimbel hat ihre Sache sehr gut gemacht. Und ich befürchte, unser gefiederter Freund wird von nun an noch mehr Aufsehen erregen."

Rubin soll Karriere machen?

Dr. Taylor sollte wie immer recht behalten. Die Tierarztfamilie hatte noch nicht zu Ende gefrühstückt, als schon das Telefon klingelte.
„Doktor Taylor", meldete sich der Vater mit vollem Mund. „Oh, guten Morgen, Frau Vickers. Was kann ich für Sie tun? Hoffentlich geht es nicht um Speckles?" Speckles war Frau Vickers Spaniel. „Gut, das höre ich gerne. Worum geht es dann?"
„Frau Vickers?" Teddy schnellte in die Höhe. „Das ist ja meine Lehrerin!"
„Psst, Teddy! Das wissen wir", flüsterte Linda. „Hast du was ausgefressen?"
Teddy runzelte die Stirn. „Eigentlich nicht. Es kann nur wegen der Kreideschlacht mit Billy sein. Aber als Frau Vickers in die Klasse kam, haben wir sofort damit aufgehört."
„Einverstanden." Dr. Taylor strich sich ein paar Brotkrumen von seinem T-Shirt und griff nach der Kaffeetasse. „Ja, das ist sicher möglich. Ich muß nur

noch in meinen Terminkalender schauen. Aber mit aller Wahrscheinlichkeit kann ich nächste Woche mit ihm vorbeikommen."

„O nein!" stöhnte Teddy. „Es ist doch wegen der Kreideschlacht! Sie will, daß Paps mit mir zum Direktor geht."

„Das ist schon in Ordnung, Frau Vickers", sagte der Vater. „Ich bin es gewohnt, frühmorgens Anrufe zu bekommen. Manche Leute rufen auch noch um Mitternacht an. Sobald ich meine Termine gecheckt habe, werde ich Sie zurückrufen ... Nein, das macht mir durchaus keine Umstände. Danke für Ihren Anruf."

Kaum hatte Dr. Taylor aufgelegt, bestürmte ihn Teddy: „Ich kann dir alles erklären. Als ich mit der Kreide nach Billy warf, habe ich wirklich nur aus Versehen Frau Vickers getroffen. Es hat ihr sicher nicht weh getan!"

„Kreide? Ich versteh' nicht recht." Der Vater schob sich eine Gabel Rührei in den Mund. „Frau Vickers hat gefragt, ob ich nächste Woche Rubin in die Schule bringen könnte. Sie möchte ihn im Unterricht vorführen. Sie meint, er wäre eine interessante Ergänzung für den Sprachunterricht."

Erin kicherte. „Jetzt hättest du dich fast verraten, Teddy!"

Dr. Taylor zog die Augenbrauen in die Höhe. „Gibt's was?"

„Nein, nichts von Bedeutung, Paps", wehrte Linda ab, während sie sich Frau Racers Erdbeermarmelade auf das gebutterte Brötchen strich. „Frau Vickers hat sicher heute morgen das Zeitungsinterview gelesen, nicht wahr? Bis nächste Woche wird auch Rubins Flügel geheilt sein. Ich wette, es wird ihm großen Spaß machen, vor Teddys Klasse aufzutreten."

Da klingelte wieder das Telefon.

„Jetzt geh' ich ran", meinte Linda. „Hier bei Doktor Taylor?"

„Linda, bist du's?" sagte die Stimme am anderen Ende der Leitung. „Hier ist Hermann Stier vom *Tierparadies.* Mein Name ist Stier, und bei uns gibt's jedes Tier. Erinnerst du dich?"

„Ja, natürlich Herr Stier", rief Linda. „Sie haben schließlich das einzige Zoogeschäft in der Stadt. Wie könnte ich das vergessen?"

„Ich habe gerade den Artikel im *Tagesanzeiger* gelesen und interessiere mich für diesen sprechenden Ara. Hermann Stier, habe ich mir gesagt, dieser Vogel könnte für deinen Laden im Rundfunk Werbung machen. Er müßte nur sagen: Bei Stier finden Sie das richtige Tier! Das wär' doch was! Hab' gar nicht gewußt, daß ich so gut dichten kann."

„Kein schlechter Spruch", erwiderte Linda. „Was aber die Werbung betrifft ..."

„Für die bezahle ich ihn natürlich", unterbrach Herr Stier sie. „Ich weiß zwar nicht, wieviel Papageien im allgemeinen bekommen, aber darüber können wir uns ja auch noch später unterhalten."

„Herr Stier, ich ..."

„Ah, was ich noch fragen wollte", unterbrach Herr Stier sie von neuem. „Meinst du, der Doktor hätte was dagegen, wenn ich den Papagei in meinem Laden ausstellen würde? Das wäre sicher eine tolle Werbung, besonders im Anschluß an die Rundfunkwerbung. Er würde bestimmt eine Menge Kunden in mein Geschäft locken. Das käme mir sehr gelegen, denn in letzter Zeit war nicht viel los. Gleichzeitig wäre es auch eine gute Werbung für den Tier-Treff. Sag das deinem Vater."

„Ich werd's ihm ausrichten, Herr Stier. Auf Wiederhören." Linda hängte ein und setzte sich wieder an den Küchentisch.

„Was wollte denn Herr Stier?" Erin sah sie neugierig an.

„Sagtest du nicht was von Werbung?" fragte der Vater.

„Ja. Herr Stier möchte Rubin für Werbezwecke im Rundfunk einsetzen", sagte Linda schmunzelnd. „Ich soll dich fragen, ob er Rubin in seinem Zoogeschäft ausstellen darf."

„Au fein!" jubelte Teddy. „Dagegen hast du doch sicher nichts, Paps?"

„Ich werde darüber nachdenken", erwiderte der Tierarzt. „Aber im Augenblick denke ich, daß wir nicht das Frühstück kalt werden lassen sollten. Wir können uns auch noch später über Rubins Karriere im Showgeschäft unterhalten."

Als das Telefon zum dritten Mal läutete, hob Erin den Hörer ab. „Was? Die Fernsehstation von Lancaster? Wirklich? ... Sie möchten mit Rubin ein Bildschirminterview machen?"

Linda, Teddy und ihr Vater warfen sich grinsende Blicke zu.

„Und Sie wollen ein Kamerateam und einen Reporter zu uns schicken? Und Rubin in den Lokalnachrichten bringen? Das klingt ja super! Ich muß aber vorher noch meinen Vater fragen." Sie warf dem Tierarzt einen flüchtigen Blick zu. „Ja, ganz recht. Doktor Theodor Taylor, der Besitzer der Tierarztpraxis in der Birkenallee, der einzigen von Essex."

Dr. Taylor räusperte sich.

„Ja, er wird sich mit Ihnen in Verbindung setzen. Vielen Dank für Ihren Anruf." Erin hängte ein und tanzte zum Tisch zurück. „Ist das nicht ein tolles Ding, daß Rubin nun auch im Fernsehen gebracht wird, Paps?"

„Dessen bin ich mir nicht so sicher", zweifelte der Vater. „Erstens glaube ich nicht, daß es Frau Racer recht sein wird, wenn ein ganzes Fernsehteam hier Einzug hält. Und zweitens ist so viel Wirbel nicht gut für Rubin. Er hat ja noch nicht einmal Zeit gehabt, sich bei uns einzugewöhnen." Er schüttelte den Kopf. „Allmählich frage ich mich, ob Rubin nicht bald einen Manager braucht."

Da klingelte schon wieder das Telefon. Diesmal sprang Teddy auf und rief: „Darf ich rangehen? Ich wette, es ist eine Filmgesellschaft." Er nahm den Hörer ab. „Hier Rubin Taylors Haus ... Ach, du bist's, Sparky. Was gibt's denn? ... Ja, ich frage ihn. Bin aber sicher, daß er damit einverstanden ist. Warte einen Moment." Er wandte sich an seinen Vater: „Frau Wilson hat von ihrem Mann die Grippe aufgeschnappt und kann heute nicht zu Frau Sparks gehen. Sparky möchte gerne zu uns kommen. Ihre Mutter würde sie dann am Abend abholen."

„Einverstanden", erwiderte der Vater. „Sag ihr, wir würden uns freuen, wenn sie und ihre Mutter zum Abendessen blieben."

Teddy gab die Einladung weiter. „Sparkys Mutter läßt dir sagen, daß sie sich darüber freuen würde, aber sie möchte Frau Racer keine Arbeit machen", richtete er dem Vater aus.

„Sag Sparky, sie soll ihrer Mutter sagen ..." Dr. Taylor unterbrach sich lachend. „Ach was, sag ihr, sie soll ihre Mutter an den Apparat rufen. Ich möchte mit ihr selbst sprechen."

Teddy reichte dem Vater den Hörer und sagte zu Erin: „Ich hole jetzt Rubin aus deinem Zimmer. Er hat noch nichts zum Frühstück bekommen und hat sicher schon einen Bärenhunger. Er muß unbedingt bei Kräften bleiben, damit er die Auftritte in meiner Schule, im Rundfunk und im Fernsehen gut übersteht." Dann rannte er aus der Küche.

„Du mußt auch noch die Hunde spazierenführen!" rief Linda ihm nach. „Beeil dich, sonst kommen wir zu spät zur Schule."

„Bei mir macht das nichts", rief Teddy zurück. „Ich sage Frau Vickers einfach, daß ich mich um Rubin kümmern mußte. Das wird sie sicher verstehen."

„Wir erwarten dich also gegen sechs, Catherine", sagte Dr. Taylor. „Aber diesmal brauchst du bestimmt nicht zu kochen ... Ja, ich weiß, daß es dir Spaß gemacht hat. Du kannst ja ein anderes Mal für uns kochen. Wie wäre es mit Sonntagabend bei dir zu Hause? Warum denn nicht? ... Lasagne? Fabelhaft. Also, bis dann!"

„Sie essen also heute mit uns zu Abend, und wir sind Sonntagabend bei ihnen eingeladen?" hakte Linda nach.

„Ganz recht. Catherine ..., ich meine Frau Sparks –, sagte, sie habe ein ausgezeichnetes Rezept für eine Gemüse-Lasagne. Sie ist sicher, daß sie uns allen schmekken wird."

„Das war nett von dir, Paps, daß du die beiden eingeladen hast", bemerkte Erin. „Und auch von Frau Sparks ist es sehr nett, daß sie uns alle zu sich einlädt."

Linda äußerte sich nicht dazu. Unwillkürlich fielen ihr wieder Frau Racers Worte ein. Waren ihr Vater und Frau Sparks wirklich nur Freunde, oder steckte mehr dahinter?

Cleveland strich um ihre Beine und schnurrte. Dann gab er ein klägliches Miauen von sich, um ihr zu sagen, daß er hungrig war.

„Entschuldige, Cleveland." Linda beugte sich zu ihm hinunter und kraulte ihn hinter den Ohren. Zufrieden stellte sie fest, daß die Wunde am Ohr, die Rubin ihm zugefügt hatte, beinahe verheilt war. Ebenso seine Schwanzspitze. Am Abend zuvor hatte ihr Vater den Verband von Rubins Flügel abgenommen, und somit waren die beiden Raufbolde wieder in bester Verfassung. „Ich gebe dir rasch was zu fressen, bevor Teddy Rubin herunterbringt", sagte sie zu dem Kater. „Auch wenn du keine Berühmtheit bist, so bist und bleibst du doch mein Lieblingstier."

Cleveland schnurrte zufrieden.

Das Interview mit Rubin war Tagesgespräch in der Schule. Der Herausgeber der Schülerzeitung fragte Linda, ob einer seiner Mitarbeiter Rubin noch einmal interviewen dürfe. Und ein Lehrer wollte einen Videofilm über ihn machen. Susan Bascombe sagte zu Linda, ihr Vater würde ihnen den Ara abkaufen, sobald er zum Kauf angeboten würde. Und Sarah Jones, die die Handballmannschaft des Hamilton-Gymnasiums anführte, schlug Linda vor, sie sollten sich von nun an die Hamilton-Aras statt wie bisher die Hamilton-Stürmer nennen. Und Rubin sollte ihr Maskottchen sein.

Linda sagte allen, sie müssen vorher mit ihrem Vater Rücksprache halten. Und so fuhr sie gleich nach Unterrichtsschluß mit dem Rad zum Tier-Treff. Sie freute sich schon richtig darauf, einmal nicht an den Ara erinnert zu werden und sich um ganz gewöhnliche Tiere, die nicht in aller Munde waren, zu kümmern. Doch kaum betrat sie das Wartezimmer, wurde sie auch hier von den Leuten mit Fragen über den Ara bestürmt.

„Was für ein Glück ihr doch habt, daß der sprechende Papagei ausgerechnet euch zugeflogen ist, Linda!" sagte Frau Kleindienst und streichelte ihren riesigen getigerten Kater Pussum, der wie immer gelangweilt dreinsah. „Ich war heute morgen im *Tierparadies*. Pussums Lieblingsfutter gibt es im Augenblick im

Sonderangebot. Und bei der Gelegenheit erzählte mir Herr Stier, daß euer Ara Rundfunkwerbung für ihn machen wird."

„Das steht noch nicht fest, Frau Kleindienst", entgegnete Linda. „Und Rubin gehört nicht uns. Er bleibt nur so lange bei uns, bis sich sein Besitzer meldet."

Gerade als sie hinausgehen wollte, kam Snoopy, Herrn Stauffers Hund, auf sie zu und begrüßte sie freudig bellend. Als Linda sich zu ihm hinunterbeugte, meinte Herr Stauffer: „Stimmt es, daß euer Papagei im Fernsehen auftreten wird?"

„Nun ja, der Sender hat heute morgen bei uns angerufen. Aber ..."

„Linda, schau mal her!" rief Pat, die Sprechstundenhilfe, von ihrem Schreibtisch herüber. „Ich habe das Zeitungsinterview mit Rubin neben den Artikel aus dem *Tagesanzeiger* ans Schwarze Brett gehängt. Der Vogel wird unsere Stadt noch ganz berühmt machen."

„Da kannst du schon recht haben." Rasch schlüpfte Linda zur Tür hinaus, um in den Behandlungsraum zu gehen. In diesem Augenblick kam ihr Toby mit einem kleinen Chihuahua in der einen und einem winzigen Pullover in der anderen Hand entgegen.

„Hallo Toby, hallo Chico", rief Linda und streichelte das Hündchen mit dem Zeigefinger. „Was fehlt ihm denn? Ist er wieder erkältet?" Wegen seines dünnen Fells war Chico nämlich ziemlich anfällig.

Chico nieste, und Toby nickte. Er schaute hilflos auf den winzigen Pullover in seiner Hand. „Könntest du mir beim Anziehen helfen? Ich bin darin ziemlich ungeschickt, besonders dann, wenn ein Hund nicht größer ist als ein Hamster."

„Wie kannst du Chico nur so beleidigen", meinte Linda kichernd. „Er hält sich womöglich für so groß und stark wie ein Schäferhund." Sie nahm den Pulli und zog ihn dem Chihuahua über.

Während sie sein zierliches Vorderbeinchen durch die Ärmel zwängte, sagte Toby: „Ist es wahr, daß euer Papagei demnächst ein Leinwandheld werden soll?"

Linda runzelte die Stirn. „Jetzt fängst du auch noch damit an! Gibt es denn wirklich kein anderes Thema mehr?"

Tobys abstehende Ohren liefen rot an, was immer dann der Fall war, wenn er sich schämte. „Beiß mir deswegen nicht gleich den Kopf ab. Man wird ja wohl noch fragen dürfen."

„Entschuldige", bat Linda und seufzte. „Aber seit einer Woche werde ich nun schon von früh bis abends mit Fragen über Rubin gelöchert. Allmählich hängt mir die Fragerei zum Hals raus."

„Wird er nun ein Kinoheld?" hakte Toby nach.

„Nein, sicher nicht. Rubin ist kein Filmstar, er ist nur ein sehr gelehriger Vogel, der alles nachplappert, was man ihm vorsagt." Sie streifte den Pulli über das andere Vorderbeinchen des Hundes und zupfte den Rollkragen zurecht. „Geschafft, Chico", sagte sie mit einem zufriedenen Lächeln. „Richtig hübsch siehst du aus."

„Ich finde, er sieht eher albern aus", brummte Toby

und trug den Hund ins Wartezimmer, um ihn seinem Besitzer zu übergeben.

Linda ging inzwischen in den Trakt der Tierklinik, in dem die Hunde- und Katzenpension untergebracht war. Sie legte den fünf Hunden die Leinen an, und als Toby zurückkam, drückte sie ihm drei davon in die Hand. Die beiden anderen Hunde wollte sie selbst ausführen. Bellend und schwanzwedelnd drängten die Hunde nach draußen und zogen Linda und Toby mit sich.

Erst als sie in die Ahornstraße einbogen, hatten sich die Hunde wieder beruhigt, so daß Linda und Toby ruhig nebeneinander hergehen konnten.

„Ich dachte, du magst ihn?“ meinte Toby nach einer Weile.

„Wen?“

„Rubin. Wen sonst?“

„Natürlich mag ich ihn. Du weißt, daß ich jedes Tier mag. Alle mögen ihn, selbst Frau Racer und Erin.“ Sie grinste. „Der einzige in der Familie, der sich nichts aus ihm macht, ist Cleveland, was ich ihm nicht verübeln kann. Ich habe nur gesagt, daß ich es leid bin, die ganze Zeit über Rubin zu reden.“ Sie schaute Toby vorwurfsvoll an. „Und nun fängst auch du noch damit an!“

Toby lachte. „Okay, lassen wir das Thema. Was hältst du davon, wenn wir die Hunde mal richtig laufen lassen. Komm, wir rennen zur Koppel hinüber.“

Das reinste Chaos

Der Nachmittag war rasch zu Ende, und Linda fuhr mit ihrem Vater in der Abenddämmerung nach Hause. „Du siehst müde aus", stellte sie fest. „War dein Tag anstrengend?"

Der Vater nickte. „Das kann man wohl sagen. Vormittags war ich auf dem Hof der Bauers, weil mehrere Schafe an akuter Lungenentzündung erkrankt sind. Ein preisgekröntes Mutterschaf hat ein Junges verloren."

„Du meinst hoffentlich nicht Flossie!" rief Linda bestürzt. Flossie zählte zu ihren Lieblingen. Dr. Taylor hatte ihr schon einmal das Leben gerettet, als sie an Schafräude erkrankt war.

„Nein, nicht Flossie", beruhigte sie der Tierarzt. „Ihr geht es gut, ebenso dem Lämmchen. Aber die beiden anderen Schafe ..."

„Ich weiß genau, wie dir zumute ist, Paps", tröstete Linda ihren Vater. „Aber du kannst nicht jedes Tier retten, auch wenn du es noch so gerne möchtest. Jetzt rede ich genauso wie du, wenn du mir Mut machen willst."

Der Vater lächelte ihr zu: „Das weiß ich zu schätzen, Linda. Aus dir wird bestimmt einmal eine sehr gute Tierärztin. Es war wirklich ein anstrengender Tag. Und die vielen Anrufe wegen Rubin waren auch

7 4523-8

sehr zeitraubend. Die vom Fernsehen haben sich heute mindestens viermal gemeldet."

„Was hast du ihnen gesagt?"

„Ich habe nein gesagt. Aber sie wollten sich nicht damit zufriedengeben." Dr. Taylor hielt vor dem alten Landhaus der Tierarztfamilie an und stellte den Motor ab. „Jetzt freue ich mich auf einen gemütlichen und entspannenden Abend und auf ein schönes Abendessen mit meinen Kindern."

„Und mit Sparky und ihrer Mutter", fügte Linda hinzu.

„Ja, auch mit ihnen." Dr. Taylor stieg nicht sofort aus, sondern lehnte sich zurück. „Du magst die beiden doch auch, nicht wahr?"

Linda zuckte mit den Achseln. „Natürlich. Sparky ist Teddys beste Freundin, und Frau Sparks ist deine beste Freundin, oder?"

„Ja, das ist sie." Der Vater öffnete den Sicherheitsgurt. „Weißt du, Linda, Frau Sparks erinnert mich in vielerlei Hinsicht an deine Mutter ..."

Linda sah ihn erstaunt an. „Tut sie das? Aber Mama war doch so hübsch und hatte dieselben blonden Haare wie Erin! Frau Sparks hingegen kann man nicht als hübsch bezeichnen. Und außerdem sind ihre Haare braun und kurz. Für mich hat sie keinerlei Ähnlichkeit mit Mama."

„Ich meine auch nicht ihr Äußeres, sondern ihr Wesen. Sie hat die gleiche warmherzige Art wie deine Mutter. In ihrer Gesellschaft fühle ich mich richtig wohl."

Linda verspürte deutliches Unbehagen. Sie öffnete die Wagentür und sprang hinaus. „Komm, gehen wir ins Haus."

Nachdenklich ging sie auf den Hauseingang zu. Auch wenn ihr Vater sich in Frau Sparks' Gesellschaft wohl fühlte, mußte er sie deswegen doch noch lange nicht heiraten. Wie konnte sie nur auf so was kommen? Man heiratete schließlich aus Liebe, und dafür waren ihr Vater und Frau Sparks doch wirklich schon zu alt ... Sie blieb stehen und wartete auf den Vater.

Der Tierarzt legte ihr den Arm um die Schultern und fragte: „Alles in Ordnung, Kleines?"

„Nicht ganz", erwiderte sie leise. Und als sie den Vater so ansah, kam er ihr plötzlich gar nicht mehr alt vor. Ohne Bart würde er wahrscheinlich noch jünger aussehen. „Ich meine nur, Mamas Platz kann niemand einnehmen!" brach es dann plötzlich aus ihr heraus.

Der Vater drückte sie fest an sich. „Sicher nicht. Deine Mutter war eine einmalige Frau." Er schaute sie forschend an. „Du meinst doch nicht etwa, daß Catherine und ich ...?"

Linda nickte.

„Weißt du was, Kleines, ehrlich gesagt, daran habe ich noch gar nicht gedacht", sagte der Vater lachend.

Dann gingen sie schweigend weiter. Linda hätte gerne gewußt, woran der Vater jetzt dachte. An Frau Sparks? Vielleicht war es ihm erst jetzt zu Bewußtsein gekommen, daß Sparkys Mutter mehr als nur eine gute Freundin für ihn sein könnte? Wie oft hatte er ihr gesagt, sie solle aus einer Mücke keinen Elefanten machen. Und nun ertappte sie sich schon wieder dabei. Nein, sie hatte wieder mal übertrieben! Frau Racer hatte ganz recht, als sie sagte: „Wer weiß schon, was die Zukunft bringt?"

Kaum hatte Linda die Haustür geöffnet, kam auch schon Erin angelaufen. Sie schenkte ihr jedoch keine Beachtung, sondern stürzte sich gleich auf den Vater: „Paps, das mußt du Teddy und Sparky verbieten!"

„Was soll ich ihnen verbieten? Und seit wann begrüßt du deinen Vater nicht mehr?"

„Hallo Paps", sagte Erin rasch und stellte sich auf die Zehenspitzen, um ihm einen Kuß zu geben.

„Laßt die Hunde nicht hinaus!" krächzte Rubin aus dem Wohnzimmer, als Jocko und Andy zu bellen anfingen.

Da erschien plötzlich ein Schwarm von Kindern in der Diele und stürmte an Linda und dem Tierarzt vorbei zur Tür hinaus.

„Wer war denn das?" fragte Linda.

„Davon rede ich ja", erwiderte Erin. „Ist das nicht schrecklich?"

„Ist es nicht!" Teddy grinste sie über beide Ohren an. In den Händen hielt er eine Blechdose. Als er sie schüttelte, klirrte es laut darin. „Die Kinder sind aus meiner Klasse und schwer in Ordnung. Sie haben alle Eintrittsgeld gezahlt. Sparky hat es eingesammelt."

„Eintrittsgeld?" Dr. Taylor schüttelte ungläubig den Kopf.

„Ja, fünfundzwanzig Cents, um Rubin sprechen zu hören, und fünfzig Cents extra, um ihn zu streicheln", verkündete Sparky strahlend. „Da kam im Laufe des Nachmittags eine hübsche Summe zusammen."

„Aber echt! Ich wette, wir haben mehr als sechs Dollar eingenommen", rief Teddy und freute sich wie ein Schneekönig.

„Ich habe mich noch nie in meinem Leben so sehr geschämt", klagte Erin. „Ich hatte ein paar Freundinnen eingeladen, die Rubin sehen wollten, und Teddy und Erin haben bei ihnen abkassiert!"

„Teddy, wir haben doch heute morgen ausführlich über dieses Thema gesprochen", sagte Dr. Taylor streng.

„Ja, du sagtest, du wolltest keine Kopien von den Tonbandkassetten. Aber du hast mir nicht verboten, Eintrittsgeld zu verlangen."

Der Tierarzt seufzte. „Aber doch nur, weil mir so was nie in den Sinn gekommen wäre."

„Mir ja auch nicht. Ich kam erst auf diese Idee, als mich so viele in der Schule bedrängten und unbedingt Rubin sehen wollten. Sparky fand die Idee auch gut, nicht wahr, Sparky?"

Die Kleine schwieg und nagte am Ende eines ihrer dünnen Zöpfe, wobei sie ein ziemlich unglückliches Gesicht machte.

Aber auch Dr. Taylor sah alles andere als fröhlich drein. „Was Sparky dachte, interessiert mich nicht", sagte er und zog sich seine Windjacke aus. „Ich finde deine Idee sehr schlecht, Teddy. Und du wirst gleich am Montag deinen und Erins Klassenkameraden das Geld zurückgeben."

Teddy zog ein langes Gesicht. „Das ganze Geld?"

„Ja, auf Heller und Pfennig. Wir sind schließlich kein Zirkus, auch wenn es manchmal den Anschein erweckt."

„So'n Mist!" brummte Teddy. „Von meinen paar Ersparnissen werde ich mir nie ein Skateboard kaufen können."

Da hupte ein Wagen vor dem Haus. „Das ist sicher Henry", vermutete Linda. „Ich sage rasch Frau Racer, daß er da ist." Sie eilte in die Küche und wäre beinahe über die Haushälterin gestolpert, die kniend den Küchenboden schrubbte.

„Paß auf, Linda, daß du nicht ausrutschst", sagte Frau Racer.

Linda half ihr auf die Beine. „Wieso arbeiten Sie noch immer? Kann ich Ihnen behilflich sein? Henry wartet schon draußen."

„Dann wird er eben noch eine Weile warten müssen." Frau Racer rieb sich den Rücken und jammerte: „Ich bin noch nicht fertig hier."

„Lassen Sie mich das machen", schlug Linda vor und schaute die Haushälterin besorgt an. „Sie machen einen ziemlich erschöpften Eindruck."

Frau Racer seufzte. „Meine Arthritis macht mir arg zu schaffen. Na ja, man wird eben nicht jünger. Ich habe den ganzen Nachmittag nichts wie saubergemacht. Aber es war hier ein Kommen und Gehen, und die Kinder haben eine Menge Dreck ins Haus getragen. Der Papagei hat pausenlos gequasselt. Ich kann kaum noch denken vor Kopfschmerzen."

„Das tut mir schrecklich leid, Frau Racer.“ Linda legte den Arm um sie.

„Du kannst ja nichts dafür“, sagte Frau Racer mit einem matten Lächeln. „Sei so nett und bring mir meinen Mantel und die Handtasche. Ich gehe jetzt nach Hause. Morgen sieht alles gleich wieder anders aus.“

Als Linda ihr in den Mantel half, bemerkte Frau Racer beiläufig: „Ach, übrigens, Cleveland hat Rubin wieder einmal gejagt. Und ehe ich eingreifen konnte, hat der Kater eine Lampe umgeworfen. Rubin flüchtete daraufhin auf den Spiegel über dem Kamin und warf ihn herunter. Zum Glück ist er nicht zerbrochen. Sieben Jahre Pech, das hätte uns noch gefehlt!“

Das klingt ja, als hätten Sie das Pech von sieben Jahren an einem einzigen Tag gehabt“, seufzte Linda mitleidsvoll und reichte Frau Racer die Handtasche.

Sie gingen ins Wohnzimmer und sahen, wie der Tierarzt vergeblich versuchte, die Lampe neben seinem Ledersessel anzuschalten.

„Tut mir leid, Doktor“, meinte Frau Racer. „Aber Cleveland hat die Lampe umgeworfen, und ich mußte die Glühbirne auswechseln. Vielleicht habe ich dabei was falsch gemacht.“

„Ich hab’ damit nichts zu tun, Paps“, rief Teddy dazwischen. „Sparky und ich waren gar nicht da, als es passierte. Auch nicht, als der Spiegel runterfiel.“

„Der Spiegel?“ Der Vater blickte auf die leere Wand über dem Kamin.

„Er liegt am Boden, neben dem Bücherschrank“, sagte Frau Racer. „Rubin war offensichtlich zu schwer für ihn."

„Ich nehme an, Rubin hat auch was mit der zerbrochenen Lampe zu tun", mutmaßte der Vater.

Da flog der Ara laut kreischend quer durch das Wohnzimmer und ließ sich auf der Gardinenstange nieder. „Schöner Vogel! Schöner Vogel!" rief er.

„Böser Vogel!" verbesserte Linda ihn, und Rubin echote: „Böser Vogel! Böser Vogel!"

In diesem Augenblick hupte Henry noch einmal, und Frau Racer hastete zur Tür. Linda entging es nicht, daß sie hinkte. „Haben Sie was am Bein?" fragte sie besorgt.

„Nicht der Rede wert. Nach ein paar Stunden Ruhe ist alles wieder okay", versicherte die Haushälterin. „Andy hat mir das Bein gestellt, als er mit Jocko Jagd auf Cleveland machte, der hinter Rubin her war. Mach dir meinetwegen keine Sorgen. Morgen bin ich wieder fit."

Dr. Taylor kam auf sie zu und nahm ihren Arm. „Frau Racer, ich bestehe darauf, daß Sie morgen zu Hause bleiben und sich mal richtig ausruhen. Sie haben sich wirklich eine Pause verdient." Als sie protestieren wollte, entgegnete er: „Dem Doktor widerspricht man nicht. Und da wir schon beim Thema Arzt sind: Sagen sie Henry, er soll Sie gleich morgen früh zu Doktor O'Toole fahren. Und die Rechnung geht an mich."

„Jetzt übertreiben Sie mal nicht", sagte Frau Racer. „Ich habe Ihnen doch gesagt, daß es nichts Ernstes ist und..."

„Vorbeugen ist besser als heilen", schnitt Dr. Taylor ihr das Wort ab. „Kommen Sie, ich helfe Ihnen in den Wagen."

„Bis Dienstag also", sagte Linda und küßte Frau Racer auf die Wange. „Ich wische den restlichen Küchenboden auf, und dann werde ich mit Erin den Tisch fürs Abendessen decken."

„Oh, das Abendessen!" Frau Racer blieb stehen. „Das darf doch nicht wahr sein! Jetzt habe ich glatt vergessen, das Fleisch aufzutauen!"

„Das ist doch kein Problem", beschwichtigte sie der Tierarzt und half ihr in den Wagen. „Wir haben noch immer was zu essen gehabt."

„Ich denke, deine Mama wird uns wieder einmal Spaghetti machen müssen", sagte Teddy zu Sparky.

Sparky verzog das Gesicht. „Nicht schon wieder! Wir haben gerade gestern welche gehabt." Doch gleich darauf grinste sie und meinte: „Ich esse sie nur, wenn es nachher Plätzchen gibt."

„Nicht möglich", sagte Teddy. „Die haben wir alle heute nachmittag verputzt. Hast du das schon vergessen?"

Als der Tierarzt zurück ins Haus ging, kam Erin die Treppe herunter. „Paps, ich mach' mir schreckliche Sorgen um Dandy", rief sie. „Er hat doch immer gesungen, und jetzt macht er nicht einmal mehr piep, wenn ich was zu ihm sage. Er sitzt nur noch stumm und aufgeplustert da. Meinst du, daß er traurig ist, weil ich mich mehr um Rubin gekümmert habe?"

„Das würde mich nicht wundern", erwiderte der Vater. „Ehrlich gesagt, ich kann ihm keinen Vorwurf daraus machen. In dem Haus hier dreht sich doch alles nur noch um Rubin. Ich bin darüber genauso besorgt wie Dandy." Er nahm in dem Ledersessel neben dem Kamin Platz. „Rubin ist schon zu lange der Herr im Haus, und die anderen Tiere leiden darunter."

„Ich hasse Katzen!" kreischte Rubin.

Doch der Vater ließ sich nicht von ihm beirren. „Ich kann kaum noch in Ruhe zu Hause arbeiten, alles geht hier drunter und drüber. Frau Racer, die treue Seele, ist völlig erschöpft und hat sich wahrscheinlich eine Verletzung zugezogen, als sie hinter Teddys Freunden aufräumen mußte."

Teddy und Sparky schauten sich schuldbewußt an. Dann füllten sich die Augen der Kleinen mit Tränen, und sie steckte beide Zopfenden in den Mund. Teddys Unterlippe zitterte, als er stammelte: „Paps, das tut uns wirklich leid. Wir haben uns nichts dabei gedacht..."

„Davon bin ich überzeugt", fiel ihm der Vater ins Wort. Er schlug einen freundlicheren Ton an, als er sich an Sparky wandte: „Deine Mutter muß jeden Augenblick dasein. Du weißt, wie sehr sie es haßt, wenn du an deinen Zöpfen kaust. Laß es also gefälligst bleiben."

Sparky gehorchte und trocknete sich mit dem T-Shirt-Zipfel die Tränen.

„Hat sich Frau Racer schwer verletzt?" fragte Teddy mit weinerlicher Stimme.

„Ich glaube nicht. Aber es hätte durchaus sein können. Es wird höchste Zeit, daß Rubin auszieht und Ruhe bei uns einkehrt."

Der Papagei flatterte von der Gardinenstange herunter und setzte sich auf eine Stuhllehne. „Armer Rubin! Schöner Vogel!" krächzte er. Die Hunde sprangen auf ihn zu und bellten ihn an. „Haut ab! Haut ab!" rief Rubin.

„Jocko! Andy! Still!" versuchte Linda die beiden zu beschwichtigen und setzte sich auf den Fußboden, die Arme um die Hunde gelegt. „Was werden wir mit Rubin tun, Paps? Sollen wir ihn wieder freilassen?"

„Ja, tun wir das!" rief Erin. „Vielleicht kann er die anderen Papageien einholen."

Der Vater schüttelte den Kopf. „Nein, das ist keine gute Lösung. Die anderen Vögel sind wahrscheinlich schon Hunderte von Kilometern entfernt. Außerdem ist Rubin bereits zu zahm, um in der freien Natur zu überleben." Er wandte sich Linda zu: „Morgen früh bringen wir ihn erst mal in den Tier-Treff. Ich weiß zwar noch nicht, wo wir ihn unterbringen, aber es wird mir sicher was einfallen. Und dann suchen wir ein neues Zuhause für ihn. Je früher, desto besser."

„Aber du würdest ihn doch sicher nicht an die Bascombes verkaufen, oder?" fragte Linda besorgt. „Susan möchte nämlich, daß ihr Vater ihn kauft, obwohl sie Tiere gar nicht mag."

„Ich werde ihn niemandem verkaufen", stellte der Tierarzt klar. „Er gehört uns ja auch gar nicht. Habt ihr das schon vergessen? Sein Besitzer könnte sich eines Tages melden und ihn zurückhaben wollen. Damit muß jeder rechnen, der ihn bei sich aufnimmt."

„Ja, das ist richtig", meinte Sparky. „Ich werde Mama fragen, ob wir Rubin zu uns nehmen."

„Ich glaube nicht, daß ihr das recht wäre", warf Linda ein. „Ebensowenig begeistert wäre sicher auch Charly."

Da klingelte es an der Tür, und Sparky sprang von der Sitzbank hoch. „Das ist sicher Mama! Ich mache ihr auf."

Jocko und Andy folgten ihr.

„Laßt die Hunde nicht hinaus!" krächzte Rubin.

„Tut mir leid, daß ich mich verspätet habe", sagte Frau Sparks, als die Kleine sie ins Wohnzimmer zog. „Ich kam einfach nicht früher vom Büro weg ..."

Dr. Taylor erhob sich. „Das macht gar nichts, Catherine. Wir waren auch schwer beschäftigt." Frau Sparks knöpfte sich den Mantel auf. „Warte noch einen Augenblick", sagte der Tierarzt. „Behalt deinen Mantel noch an."

Frau Sparks blickte ihn verwirrt an. „Du meine Güte! Habe ich mich geirrt? Sind wir heute gar nicht zum Essen bei euch eingeladen?"

Dr. Taylor lächelte. „Doch, aber es hat sich eine Programmänderung ergeben. Warum, erzähle ich dir später. Aber wir essen nicht zu Hause, sondern im Restaurant."

„Au fein!" jubelte Sparky. „Mal keine Spaghetti!"

„Holt euch eure Jacken, Kinder", sagte der Vater. „Und ab in den Kombi."

„Wohin fahren wir denn?“ wollte Linda wissen.
Rubin breitete seine blaugrünen Flügel aus und krächzte: „Zu McDonalds!“
Dr. Taylor lachte. „Gute Idee, Rubin. Aber du bleibst hier!“

Ein Zuhause für Dolly

„Da ist er ja, der berühmte Papagei!“ rief Toby am Samstagmorgen, als er zur Arbeit in den Tier-Treff kam. „Was macht er denn hier? Ist er krank?“
Linda und ihr Vater waren wenige Minuten zuvor mit Rubin angekommen, nachdem sie Teddy unterwegs bei Sparky zu Hause abgesetzt hatten. Linda hatte den Freisitz auf die Ablage neben dem Schreibtisch der Sprechstundenhilfe gestellt. Der Ara flog frei herum und beäugte neugierig seine neue Umgebung.
„Nein, es geht ihm fabelhaft“, erwiderte der Tierarzt. „Paß auf, gleich wird er landen!“
Toby duckte sich, als der Ara an seinem Kopf vorbeisegelte und sich auf dem Zeitschriftenständer neben einer Bank niederließ. „Wie heißt du?“ krächzte er. „Wie heißt du?“
Toby grinste. „Ich heiße Toby, du verrückter Kerl.“ Er schaute Linda an. „Warum habt ihr ihn mitgebracht, wenn er nicht krank ist?“
„Weil er verrückt ist“, erwiderte Linda. „Oder besser gesagt, weil er uns verrückt macht. Er wird so lange

hier bleiben, bis wir jemanden gefunden haben, der ihn behalten möchte."

„Ich würde ihn gerne mit nach Hause nehmen", sagte Toby. „Aber meine Eltern würden es nie erlauben. Eine Rinderfarm ist nicht der richtige Platz für ihn."

„Ist schon gut, Toby." Dr. Taylor lächelte. „Ich glaube, ich habe eine gute Lösung gefunden. Ich rufe gleich mal Ned Fallon an, denn ich bin ziemlich sicher, daß er Rubin bei sich aufnehmen wird."

„Na klar, das ist *die* Idee!" pflichtete Linda ihm bei. „Er hat ja schon einen roten Ara. Ich wette, Cracker würde sich mächtig freuen, wenn er Gesellschaft bekäme."

„Während ich telefoniere, bringt Rubin bitte in den zweiten Behandlungsraum, denn die ersten Patienten werden gleich dasein", bat der Tierarzt. „Er richtet sonst womöglich ein Chaos an."

„Immer mit der Ruhe!" krächzte Rubin, und ehe Linda und Toby es verhindern konnten, flog er auf den oberen Fensterrahmen.

Als es Linda endlich mit ein paar Weintrauben, die sie von zu Hause für ihn mitgenommen hatte, gelang, ihn herunterzulocken, hatte auch der Tierarzt sein Telefongespräch, das er von seinem Privatbüro aus geführt hatte, beendet.

„Geritzt", sagte er lachend, als er wieder in das Wartezimmer kam. „Herr Fallon ist sich darüber im klaren, daß er Rubin vielleicht nicht für immer behalten kann, aber er nimmt ihn troztdem zu sich. In etwa einer Stunde wird er hiersein. Unser Problem ist also so gut wie gelöst."

Linda zwängte sich den widerspenstigen Ara unter den Arm. „Fein", freute sie sich. „Toby, bring den Freisitz. Ich will Rubin daran festketten. Dann setze ich mich in die *Anmeldung*, während du die Tiere in der Krankenstation und in der Tierpension fütterst." Sie schaute den Ara an: „Stell dir vor, Rubin, du wirst ganz bald einen neuen Freund haben."

Pünktlich eine Stunde später traf Herr Fallon ein. Mit einem zufriedenen Lächeln ging er auf Linda zu. „Nun, wo ist mein Ara?" fragte er erwartungsvoll. „Ich konnte mein Glück kaum fassen, als vorhin dein Vater anrief. Schon immer hatte ich mir einen Ara mit grünen Flügeln gewünscht, aber ich konnte mir keinen leisten. Ehrlich gesagt, ich war ganz schön neidisch auf euch, als ich den Artikel in der Zeitung las. ‚Warum ist der Vogel nicht in meinem Garten gelandet?' fragte ich mich immer wieder. Du kannst dir also vorstellen, Linda, wie erfreut ich über die Nachricht deines Vaters war."

„Und Sie können sich nicht vorstellen, wie froh wir waren, als Sie zusagten", erwiderte Linda. „Warten Sie, ich will nur Paps Bescheid sagen, daß Sie da sind."

Kurz darauf betrat Dr. Taylor das Wartezimmer. Er gab das Kaninchen, das er soeben untersucht hatte, seinem Besitzer zurück und reichte Herrn Fallon die Hand. „Schön, Sie zu sehen, Ned. Ich bin gespannt, ob Rubin Ihnen gefallen wird. Ich wette, Sie werden gut mit ihm zurechtkommen."

Herr Fallon grinste über das ganze Gesicht. „Daran zweifle ich in keinster Weise. Ich kann es kaum erwarten, ihn Cracker vorzustellen. Und wenn ich Glück habe, werde ich in ein paar Monaten einige kleine Rubine haben."

Der Tierarzt blickte ihn verständnislos an. „Was wollen Sie damit sagen?"

„Aber Doktor, Sie verstehen doch, was ich meine. Überlegen Sie doch mal. Crackers ist wahrscheinlich der einzige Ara unter ihren Patienten, sonst hätten Sie mehr Erfahrung auf diesem Gebiet. Ich meine natürlich, daß die beiden Junge bekommen werden. Sobald sie sich miteinander angefreundet haben, werde ich mit dem Züchten beginnen. Welch prächtige Junge das wohl werden, mit einem so schönen Vater!"

Dr. Taylor schaute ihn verwundert an. „Nun ja ... Herr Fallon", begann er zögernd. „Ich weiß nicht, wie ich es Ihnen sagen soll, aber ..." Er hielt einen Augenblick inne, ehe er fortfuhr. „Rubin kann niemals Vater werden."

„Aber warum denn nicht, ist er etwa krank?"

„Nein, sicher nicht. Aber Rubin ist ein Weibchen. Ich bin mir da eigentlich ziemlich sicher, nachdem ich ihn noch einmal untersucht habe." Nach einer kleinen Pause fügte er hinzu: „Aber vielleicht irre ich mich auch. Ich bin kein Vogelexperte, und wie Sie wissen, Ned, ist bei Aras der Unterschied zwischen den Geschlechtern nur schwer festzustellen. Den Gedanken an eine Arazucht sollten Sie aber sicherheitshalber lieber wieder aufgeben. Sie würden

8 4523-8

wahrscheinlich nur eine Enttäuschung erleben."

Herr Fallon ließ die Schultern sinken, und sein Lächeln schwand. „Er ist also eine Sie? Ich meine, Rubin ist ein Weibchen? Aber warum haben Sie ihr dann diesen Namen gegeben?"

„Das war meine Idee", sagte Linda. „Ich kam darauf, weil er einen rubinroten Kopf hat. Ich wußte auch nicht, daß Rubin ein Weibchen ist. Glauben Sie uns, wir wollten Ihnen nichts vormachen."

„Ich hätte es wissen müssen", jammerte Herr Fallon. „Es war zu schön, um wahr zu sein. Arme Cracker. Jetzt ist sie wieder allein."

„Aber vielleicht wäre Cracker auch über eine Freundin glücklich? Warum nehmen Sie Rubin nicht mit nach Hause, um das herauszufinden?" schlug der Tierarzt vor.

Herr Fallon aber schüttelte den Kopf. „Nein, das wäre einfach nicht das gleiche. Tut mir leid, Doktor, ich lasse es lieber bleiben."

„Pech gehabt", bedauerte Dr. Taylor, nachdem Herr Fallon sich verabschiedet hatte.

„Und was tun wir jetzt?" fragte Linda.

Ich habe gestern abend eine Liste mit allen Leuten erstellt, die Rubin eventuell bei sich aufnehmen könnten, meinte der Vater. „Sag Toby, er soll dich in der *Anmeldung* vertreten, damit du inzwischen ein paar Anrufe für mich erledigen kannst. Die Namensliste liegt neben dem Telefon. Aber bevor du in mein Büro gehst, schicke mir den nächsten Patienten herein. Ich bin schon wieder viel zu spät dran!"

Linda warf einen Blick in den Terminkalender. „Als nächster ist Hannibal an der Reihe“, verkündete sie vom Schreibtisch aus. Ein junger Mann stand auf. Sein Rottweiler weigerte sich mitzugehen. „Warten Sie, Herr Miller, ich helfe Ihnen“, erbot sich Linda und nahm ihm die Hundeleine ab. „Ich weiß, wie sehr er sich gegen die Impfungen sträubt.“

Als Hannibal im Behandlungszimmer war und Toby sich an Lindas Stelle an den Schreibtisch gesetzt hatte, hörte Linda auf dem Weg zum Büro des Vaters, wie Rubin aus dem zweiten Behandlungszimmer schimpfte: „Armer Rubin! Armer Rubin!“

„Armer Rubin! rief Linda zurück. „Armer Cracker! Wir Armen!“

Als erstes rief sie beim Tierschutzverein an. Die Frau, mit der sie sprach, war bestens über Rubin informiert und hatte bereits bei einigen Mitgliedern angefragt, ob sie den Ara haben wollten.

Doch auch wenn sich alle für den Vogel lebhaft interessierten, so wollten sie ihn dennoch nicht zu sich nehmen.

„Nicht einmal Maggie Rafferty?“ wunderte sich Linda. Maggie war im Vorstand des Tierschutzvereins und hielt in ihrem riesigen Landhaus jede Menge Tiere.

„Sie macht sich nichts aus Papageien“, erwiderte die Frau. „Angeblich hat sie vor vielen Jahren im Amazonasgebiet mit einem Papagei eine schlechte Erfahrung gemacht, die sie nie vergessen hat. Wenn wir im Tierheim noch Platz hätten, würden wir Rubin ja gerne aufnehmen. Habt ihr es schon mit der *Wildlife-Farm* versucht?"

„Die steht als nächstes auf meiner Liste", sagte Linda. Sie bedankte sich und hing ein. Dann rief sie bei der *Wildlife-Farm* an. Aber dort sagte man ihr, daß sie für Papageien nicht ausgerüstet wären, und Linda strich sie von der Liste.

Auch die nächsten Anrufe blieben erfolglos. Dann rief Toby sie an. „Herr Stier ist in der Leitung. Es geht um Rubin. Willst du mit ihm sprechen?"

„Ja, danke." Linda ließ sich mit ihm verbinden. „Tag, Herr Stier. Was kann ich für Sie tun?"

„Eine ganze Menge." Seine Stimme klang aufgeregt. „Ned Fallon war soeben hier, um für Cracker ein neues Spielzeug zu kaufen. Es sagte mir, ihr wollt den Ara hergeben. Der Ärmste war ziemlich enttäuscht, daß Rubin kein Männchen ist. Mir würde das nichts ausmachen. Ich nehme ihn gerne. Ich könnte Werbung mit ihm machen und ihn eines Tages für viel Geld verkaufen."

„Tut mir leid, Herr Stier, aber Sie können ihn nicht verkaufen, solange sein Besitzer sich nicht gemeldet hat. Und das kann noch lange dauern. Aber bis dahin können Sie ihn natürlich behalten..." In der Leitung war es eine Weile still. Dann sagte Herr Stier schließlich: „Das hatte ich mir eigentlich nicht so vorgestellt. Ich wollte ein Geschäft mit euch abschließen und den Vogel nicht als Leihgabe bekommen. Unter diesen Umständen muß ich leider passen. Wiederhören, Linda. – Oh, da fällt mir noch ein: Ich habe das Hundefutter, das dein Vater immer kauft, demnächst im Sonderangebot. Ab Montag ist es um zwanzig Prozent billiger. Kannst du ihm das bitte ausrichten?"

„Geht in Ordnung, Herr Stier. Auf Wiederhören."

Linda beugte sich mit einem Seufzer über die Liste. Und unter allen Nummern, die sie anrief, befand sich niemand, der den Ara haben wollte. Auch wenn die Leute den Zeitungsartikel über Rubin gelesen hatten, so hieß das noch lange nicht, daß sie bereit waren, den Vogel bei sich aufzunehmen und Verantwortung für ihn zu übernehmen.

In ihrer Verzweiflung rief Linda Jill an. Obwohl sie wenig Hoffnung hatte, daß Frau Dearborne mit einem zweiten Haustier einverstanden wäre.

„Ich hätte eine wahnsinnige Freude mit ihm", sagte Jill. „Aber du kennst ja meine Eltern. Sie haben sich noch immer nicht an die Katze gewöhnt, obwohl ich sie schon eine Ewigkeit habe. Ich befürchte auch, daß Patches ebensowenig über Rubin erfreut wäre wie Cleveland. Noch dazu ist sie viel kleiner als dein Kater. Rubin würde ihr sicher nicht nur die Schwanzspitze abbeißen, sondern gleich den ganzen Schwanz. Tut mir leid, Linda. Ich hätte dir gern geholfen."

Nachdem Linda den Hörer aufgelegt hatte, stand sie auf und streckte sich, denn sie hatte fast zwei Stunden herumtelefoniert. Ihre Beine waren ganz steif vom Sitzen, und der Kopf brummte ihr. Sie verließ das Büro und klopfte an die Tür des ersten Behandlungsraumes.

Als der Vater öffnete, konnte er die Antwort an

ihrem Gesicht ablesen. „Kein Glück gehabt, nicht wahr?" fragte er.

Linda schüttelte müde den Kopf. „Die einzige Nummer, die ich nicht angerufen habe, war das Obdachlosenheim beim *Molly-Pitcher-Hotel.* Glaubst du, daß die noch Platz für einen Ara hätten?"

„Das bezweifle ich", erwiderte der Vater lachend. „Aber vielen Dank, daß du alle angerufen hast, Kleines. Mach doch kein so trauriges Gesicht! Rubin ist nicht obdachlos. Er kann nur nicht die ganze Zeit im Behandlungszimmer bleiben. Wir werden aber ganz bestimmt hier in der Klinik einen Platz für ihn finden, bis über sein weiteres Schicksal entschieden ist. Aber jetzt solltest du Mittagspause machen. Kannst du dann in einer Stunde Toby ablösen?"

„Okay, Paps. Aber ich bin noch gar nicht hungrig. Ich glaube, ich reite lieber mit Gray Ghost aus. Ein wenig Bewegung täte uns beiden gut."

Als Linda die Feldwege hinter der Tierklinik entlangritt, fühlte sie sich gleich besser, wenngleich ihr immer noch keine Lösung für Rubin eingefallen war. Am Nachmittag fragten sie und Toby jeden, der mit einem kranken Haustier in die Klinik kam, ob er nicht an einem Ara interessiert wäre. Die Antworten fielen immer gleich aus: Rubin sei ein wunderbarer Vogel, aber mit Papageien müsse man sich auskennen, und außerdem wolle man sich kein weiteres Haustier auflasten.

„Weißt du was, Linda?" meinte Toby am Ende des Tages. „Wir packen die Sache ganz falsch an."

Linda runzelte die Stirn. „Was willst du damit sagen?"
„Wenn du mich fragst, Linda: Ich sehe keinen Sinn darin, Leute zu fragen, die schon ein Haustier haben. Wir sollten die ansprechen, die keines besitzen."
„Wahrscheinlich hast du recht. Aber es kommen nur Tierbesitzer zu uns in die Klinik. Wahrscheinlich sollte Paps eine Zeitungsannonce aufgeben. Es muß sich doch irgendwo in Essex jemand finden lassen, der Rubin bei sich aufnehmen will. Wir haben die betreffende Person nur noch nicht ausfindig gemacht."
Nachdem sie den Tieren ihre Medikamente für die Nacht verabreicht hatten, nahm Toby seine Jacke aus dem Schrank. „Ich frage von jetzt an jeden", versprach er Linda. „Und sobald ich jemanden gefunden habe, rufe ich dich an. Jetzt muß ich aber gehen. Wir sehen uns am Dienstag."
Linda schlenderte den Gang entlang zu dem Raum, in dem der Ara den ganzen Tag über eingesperrt gewesen war. Sie öffnete die Tür und sah Rubin auf dem Freisitz hocken.
„Armer Rubin!" krächzte er leise.
„Tut mir leid, daß ich heute keine Zeit für dich gehabt habe", entschuldigte sich Linda und streichelte seinen roten Kopf. „Sicherlich hast du dich recht einsam gefühlt." Sie streckte den Arm aus, und der Papagei kletterte an ihm hoch. Dann blieb er auf ihrer Schulter sitzen. „Zur Belohnung darfst du jetzt ein wenig frei herumfliegen", sagte sie. „Das Wartezimmer ist ja jetzt leer."
Rubin rührte sich nicht von der Stelle, als sie mit

ihm ins Wartezimmer ging und sich an den Schreibtisch setzte, um die Karteikarten einzuordnen.

„Da ist ja der berühmte Papagei!“ ertönte plötzlich Mike Stricklers Stimme. Der Tierpfleger stand mit einem Besen in der Tür.

„Hallo, Mike.“ Linda warf einen Blick auf die Schreibtischuhr. „Heute sind Sie aber früh dran! Es ist ja erst zehn nach fünf.“

Mike hob die Schultern. „Da ich nichts Besseres zu tun hatte, dachte ich, ich fange schon mal mit dem Saubermachen an. Ich war auch bereits im Stall und habe mit den Tieren ein Pläuschchen gehalten. Wieso ist der Papagei da? Er ist doch nicht etwa krank? Aber wenn ich ihn mir genau betrachte, würde ich fast sagen, daß ihm irgendwas fehlt.“

„Nein, Rubin ist ganz gesund“, beruhigte ihn Linda. „Er ist nur ein wenig zerknirscht, weil er den ganzen Tag über im Behandlungszimmer eingesperrt gewesen ist. Aber solange wir niemanden gefunden haben, der ihn haben möchte, muß er darin bleiben. Wir konnten ihn unmöglich noch länger zu Hause behalten.“

„Armer Rubin!“ krächzte der Ara. „Armer, armer Rubin!“

„Ist das alles, was du zu sagen hast?“ fragte Mike den Vogel. „Ich dachte, du wärst ein so toller Redner?“

Rubin neigte den Kopf zu Seite und schaute den alten Mann neugierig an. Dann sprang er von Lindas Schulter herunter und trippelte über den Schreibtisch auf Mike zu. „Wie heißt du?“ krächzte er laut.

Der Tierpfleger grinste: „Ich heiße Michael Albert

Strickler, aber du kannst Mike zu mir sagen." Er fischte einen Apfelspalt aus der Tasche seines Overalls. „Das ist alles, was ich habe", meinte er. „Den Rest hat Gray Ghost bekommen. Bist du hungrig?"

„Hungrig, hungrig!" rief Rubin und schnappte nach dem Apfelspalt, um ihn gierig zu verschlingen.

Mike schüttelte verwundert den Kopf. „Das ist ja unglaublich! Man könnte meinen, man spricht mit einem Menschen. Mit so einem Kerl kann man sich wirklich nicht einsam fühlen. Nein, wirklich nicht. Ich war mein Leben lang allein, da macht es einem nichts mehr aus."

Plötzlich erkannte Linda, daß das die Lösung war. Warum hatte sie nicht schon früher daran gedacht? Rubin brauchte ein Zuhause, und Mike war einsam und brauchte Gesellschaft, auch wenn er es nicht zugeben wollte.

Sie schaute Mike zu, wie er den Papagei zwischen den Flügeln kraulte. Rubin schloß dabei die Augen und krümmte den Hals. Wenn er eine Katze wäre, würde er sicher laut schnurren, dachte Linda. Und Mike strahlte übers ganze Gesicht.

„Mike, wann haben Sie Geburtstag?" fragte Linda verschmitzt.

„Geburtstag?" Er schaute sie verblüfft an. „Wenn ich das wüßte! Ich bin schon so lange auf der Welt, daß ich es glatt vergessen habe."

„Dann tun wir einfach so, als wäre er heute. Ich habe nämlich ein wunderschönes Geschenk für Sie."

Es bedurfte keiner großen Überredungskunst, damit

Mike sich bereit erklärte, den Ara bei sich aufzunehmen. Allerdings, meinte er, würde er Rubin nur vorübergehend nehmen, bis sich sein eigentlicher Besitzer meldete.

Als Linda dem Vater die große Neuigkeit überbrachte, war er darüber ebenso erfreut wie sie. Der Tierarzt erklärte Mike alles, was er bei der Haltung, seines neuen Hausgenossen beachten mußte, und gab ihm einen großen Sack Trockenfutter mit. „Bringen Sie Rubin nächste Woche mit, damit ich ihm die Flügel stutze", schlug Dr. Taylor vor. „Ich wollte damit warten, bis sein Flügel wieder heil ist."

„Das wird ihm doch hoffentlich nicht weh tun?" fragte Mike.

„Nein, kein bißchen", versicherte ihm der Tierarzt. „Es ist, als würden Sie sich die Haare oder die Fingernägel schneiden lassen. Ich stutze ihm ja nur die Flugfedern, damit er nicht wegfliegen kann, falls Sie mal das Fenster offenlassen."

Mike nickte. „Okay, Doktor. Wie Sie meinen. Eine Frage noch: Hätten Sie was dagegen, wenn ich dem Vogel einen anderen Namen gebe? Rubin paßt eigentlich nicht für ein Weibchen."

„Nennen Sie ihn, wie Sie wollen", sagte Linda. „Es ist ja Ihr Vogel – wenigstens vorübergehend."

„Dolly", kam es prompt zurück. „Ich werde den Ara Dolly nennen." Er streckte den Arm aus, und Dolly hüpfte sofort darauf. „Bist auch du damit einverstanden?" fragte Mike.

Der Papagei wackelte mit dem Kopf und plusterte

sich auf. „Armer Rubin!“ krächzte er.

„Nein, nicht Rubin, sondern Dolly.“

„Rubin!“

„Dolly!“

„Hau ab! Hau ab!“

Mike tat so, als würde er den Vogel ausschelten. „Wem sagst du das, du Grünspecht? Von nun an heißt du Dolly. Merk dir das.“

Rubin schien einen Augenblick lang nachzudenken. Dann kletterte er an Mikes Arm hoch und blieb auf seiner Schulter sitzen. „Schöner Dolly! Schöner Dolly!“ krächzte er.

Linda und ihr Vater begannen schallend zu lachen.

Mike grinste über das ganze Gesicht, das dadurch noch faltiger aussah. „Wir beide werden uns sicher prima verstehen“, sagte er zu dem Papagei.

Da klingelte das Telefon. Dr. Taylor seufzte. „Ich hoffe, es ist nicht Fred Bauer. Ich habe ihm nämlich gesagt, er soll mich sofort anrufen, wenn ein weiteres Schaf erkrankt.“ Er nahm den Hörer ab: „Hier Tier-Treff.“

„Tier-Treff, Tier-Treff!“ echote der Ara.

Lindas Augen waren auf den Vater gerichtet. Erleichtert atmete sie auf, als ein Lächeln über seine Züge huschte.

„Das ist aber eine gute Nachricht“, sagte er. „Vielen Dank, George, daß Sie mich gleich verständigt haben.“ Als er aufgehängt hatte, meinte er: „Es war George Frick vom Tierschutzverein. Sie haben gerade erfahren, daß die Behörden die Person ausfindig gemacht haben, die die Maschine mit den Papageien gechartert hatte. Der Bursche wurde wegen Tierschmuggels festgenommen."

„Das bedeutet also, daß Dolly ihm gar nicht gehört", stellte Linda freudestrahlend fest. „Und für Sie, Mike, heißt das, daß Sie Dolly für immer behalten können!"

Der Tierpfleger erwiderte mit einem breiten Grinsen: „Für immer ist vielleicht etwas übertrieben. Es könnte ja einer von uns beiden in fünfzig Jahren oder so krank werden."

„Immer mit der Ruhe!" krächzte Dolly.

Dr. Taylor legte seine Hand auf Lindas Schulter. „Da sich nun alles in Wohlgefallen aufgelöst hat, könnten wir eigentlich nach Hause gehen."

„Adios, amigos!" rief ihnen der Ara nach, als sie zur Tür hinausgingen.

„Das war wirklich eine großartige Idee von dir, die beiden zusammenzubringen", meinte Dr. Taylor. „Ich verstehe nur nicht, warum ich nicht selbst darauf gekommen bin..."

Linda lächelte. „Früher oder später wärst du es auch. Nur war ich dir diesmal ausnahmsweise um eine Nasenlänge voraus. Komm, laß uns nach Hause fahren."